快乐主妇@娴雅家居系列

One Day Sewing

手做枫叶系 儿童秋冬装

[日] 靓丽社 著 孙翠翠 译

中国纺织出版社

目 录

初次裁剪衣服的妈妈们也能缝制的人气上衣

自然韵味的小罩衫

可爱的短裙

男女通用的休闲裤

可爱的女裤

简约的吊带连衣裙

漂亮的连衣裙

童装规格参考尺寸

单位：cm

<table>
<tr><th>部位
成品规格</th><th>身高</th><th colspan="2">胸围</th><th>腰围</th><th>臀围</th><th>背长</th><th>袖长</th><th>上裆</th><th>下裆</th><th>头围</th></tr>
<tr><td>100cm</td><td>95~105</td><td colspan="2">54</td><td>51</td><td>55</td><td>25</td><td>32</td><td>20</td><td>41</td><td>52</td></tr>
<tr><td>110cm</td><td>105~115</td><td colspan="2">58</td><td>53</td><td>61</td><td>27</td><td>37</td><td>21</td><td>44</td><td>54</td></tr>
<tr><td rowspan="2">120cm</td><td rowspan="2">115~125</td><td>男</td><td>64</td><td>57</td><td>69</td><td>30</td><td rowspan="2">41</td><td>21</td><td>53</td><td rowspan="2">58</td></tr>
<tr><td>女</td><td>62</td><td>55</td><td>66</td><td>29</td><td>22</td><td>51</td></tr>
</table>

注　全书分别用蓝色、红色、绿色标记三种成品规格（100cm、110cm、120cm）在对应部位的所需尺寸。

初次裁剪衣服的妈妈们也能缝制的人气上衣

长方形布料缝制的简约吊带衫

这是一款适用于初学者的设计哦

把布料缝成筒状，在胸前穿入松紧带

吊带衫规格110cm
模特身高115cm

No.1

见第7页

制作：Button

初次裁剪衣服的妈妈们也能缝制的人气上衣

甜美印花的系带衫

上围处穿入两根松紧带
整理成抽褶风格的流行款式

系带衫规格110cm
模特身高115cm

No.2

见第8页

制作：Button

No.3
见第8页
束腰式吊带衫
规格120cm

No.4
见第8页
系颈式吊带衫
规格100cm

可爱的各式吊带衫

No.3，在腰部缝入松紧带，下摆处装饰蕾丝花边

No.4，把前面的带子系到脖子后面的款式

制作：Button

初次裁剪衣服的妈妈们也能缝制的人气上衣

直线式袖窿的吊带衫

一根肩带前后相接系在单侧

直线式裁剪布料即可缝制成的可爱小衫哦

吊带衫规格120cm
模特身高121cm

No.5

见第10页

制作：古森克子

第 3 页 No.1

吊带衫

♥材料

面布（棉布）幅宽 108cm　长 35cm　35cm　40cm

松紧带（肩带）宽 0.6cm　长 92cm　96cm　100cm

（上围）宽 0.6cm　长 52cm　56cm　60cm

♥请根据个人喜好调整松紧带的长度

100cm（身高95~105cm）
110cm（身高105~115cm）
120cm（身高115~125cm）
只有一行数字的表示各规格通用

面布裁剪图

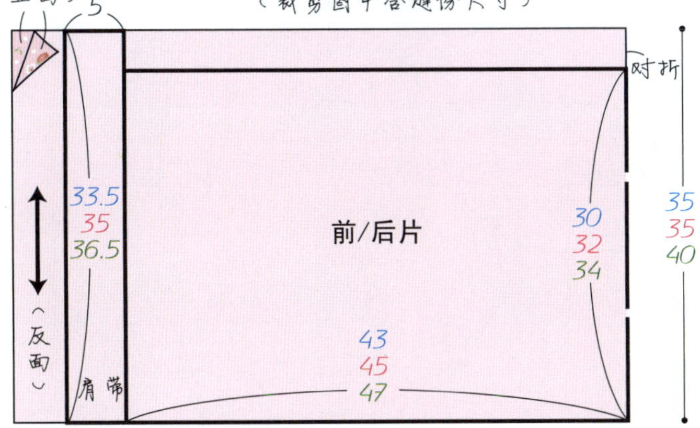

制作方法

1. 缝合侧缝

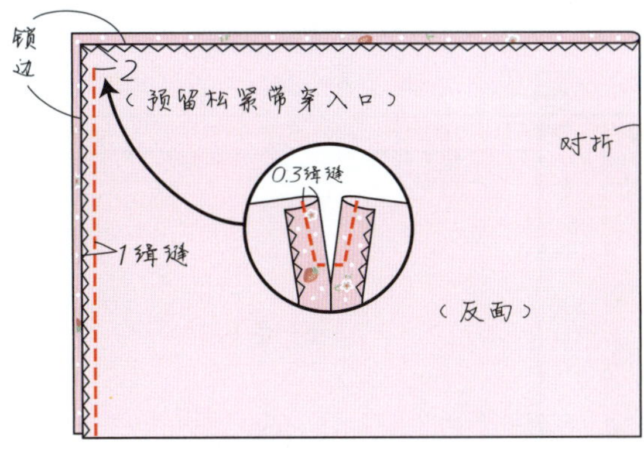

2. 制作肩带并与衣片缝合

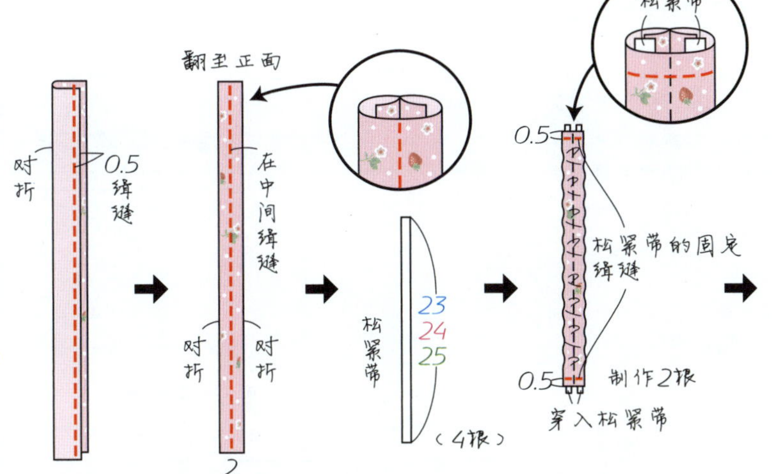

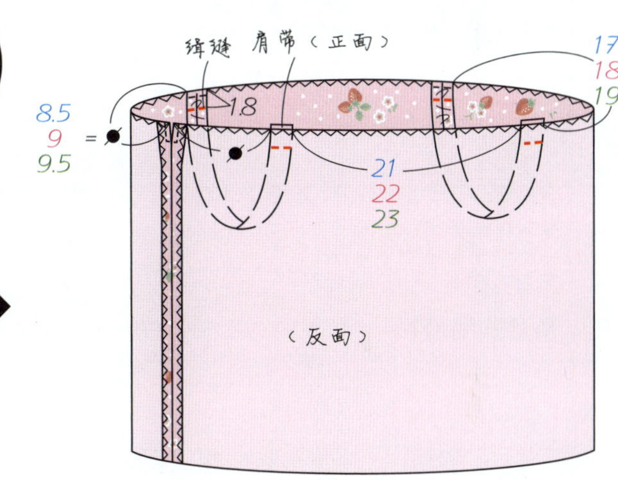

3. 缝制上围和下摆

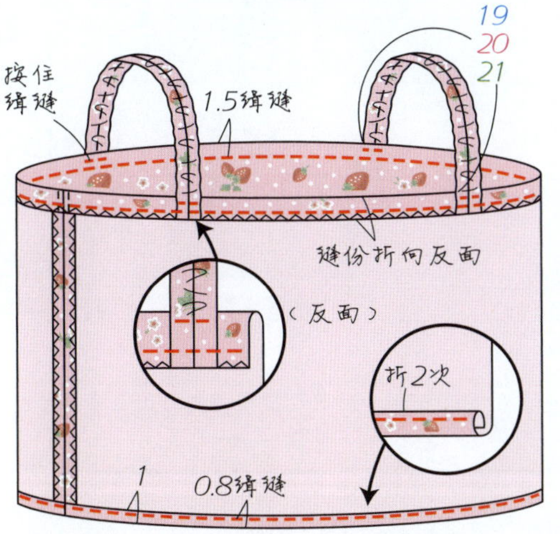

4. 沿上围线穿入松紧带

两端重合1cm，缝牢固

穿入52
56
60cm的松紧带

（反面）

<完成图>

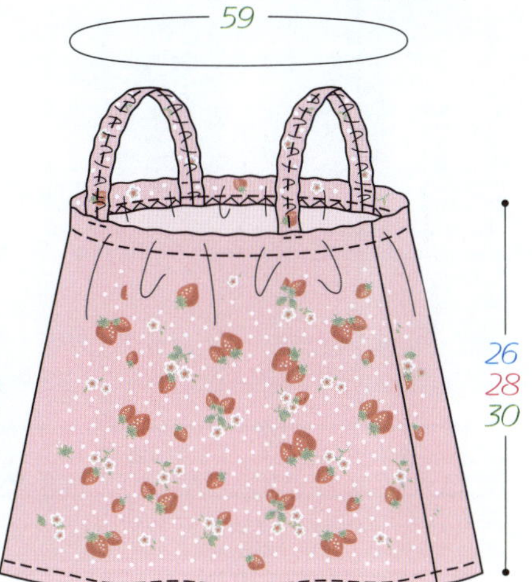

第5页 No.3

束腰式吊带衫

♥ **材料**

面布（棉布）幅宽 112cm　长 35cm　35cm　40cm

松紧带（肩带）宽 0.6cm　长 92cm　96cm　100cm

（上围）宽 0.6cm　长 52cm　56cm　60cm

（腰部）宽 0.6cm　长 50cm　52cm　54cm

熨烫黏合花边（下摆）宽 1.7cm　长 85cm　89cm　93cm

♥ 请根据个人喜好调整松紧带的长度

100cm（身高95~105cm）
110cm（身高105~115cm）
120cm（身高115~125cm）
只有一行数字的表示各规格通用

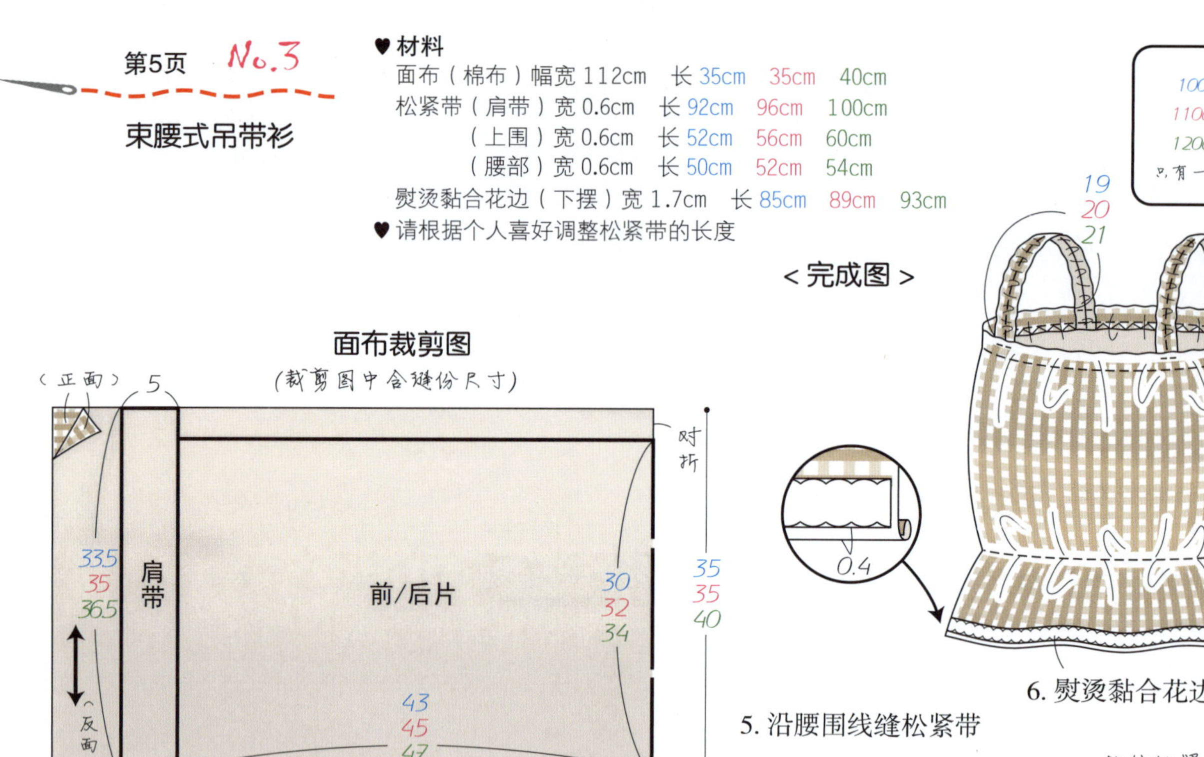

6. 熨烫黏合花边（参照第 27 页）

5. 沿腰围线缝松紧带

周缝50
52
54cm的松紧带

两端重合1cm，缝牢固

拉伸松紧带并缝缝

6.5
7
7.5

制作方法

步骤 1~4 的制作方法请参照第 7 页

第4、5页 No.2·No.4

系带衫
系颈式吊带衫

♥ **材料**（1 件）

No.2 面布（棉布）幅宽 112cm　长 50cm　50cm　55cm

No.4 面布（棉布）幅宽 110cm　长 40cm　40cm　45cm

松紧带（上围）宽 0.6cm　长 104cm　112cm　120cm

♥ No.2 面布是单方向的，裁剪时请注意

♥ 请根据个人喜好调整上围松紧带的长度

100cm（身高95~105cm）
110cm（身高105~115cm）
120cm（身高115~125cm）
只有一行数字的表示各规格通用

No.4 面布裁剪图

（裁剪图中含缝份尺寸）

（正面）
对折
（反面）
前/后片
33
35
37
40
40
45
43
45
47
颈带
5
50
53
55
幅宽110

No.2 面布裁剪图

（裁剪图中含缝份尺寸）

（正面）
（反面）
对折
肩带
肩带
38.5
40
41.5
前/后片
47.5
50
54.5
50
50
55
43
45
47
4
4
幅宽112

No.4 制作方法

1. 缝合侧缝
1.5
2（预留松紧带穿入口）
1.5
0.3锁缝
对折
1锁缝
锁边
（反面）
2. 缝合上围和下摆
1.5
5（折叠）
锁缝
4.5
（正面）
分开缝份
0.9
折2次锁缝
1
3. 制作、缝合肩带
0.5
肩带（反面）
3
0.3（折两次，锁缝）
对折
1锁缝
重复锁缝
缝合肩带的位置（No.2）
（No.2）
8.5
9
9.5
右侧边对折线
左侧缝
在前中片中心处缝合肩带（No.4）
把肩带对折，缝合在前片中心处
对折
按住锁缝
0.2
0.5
（反面）
<No.4 完成图>
26
28
30
<No.2 完成图>
（参照No.4的做法）
0.5
2
0.3（折两次，锁缝）
0.3（折两次，锁缝）
0.5
40.5
43
47.5
在上围处穿入松紧带
两端重合1cm，缝牢固
穿入52
56
60cm的松紧带
（反面）

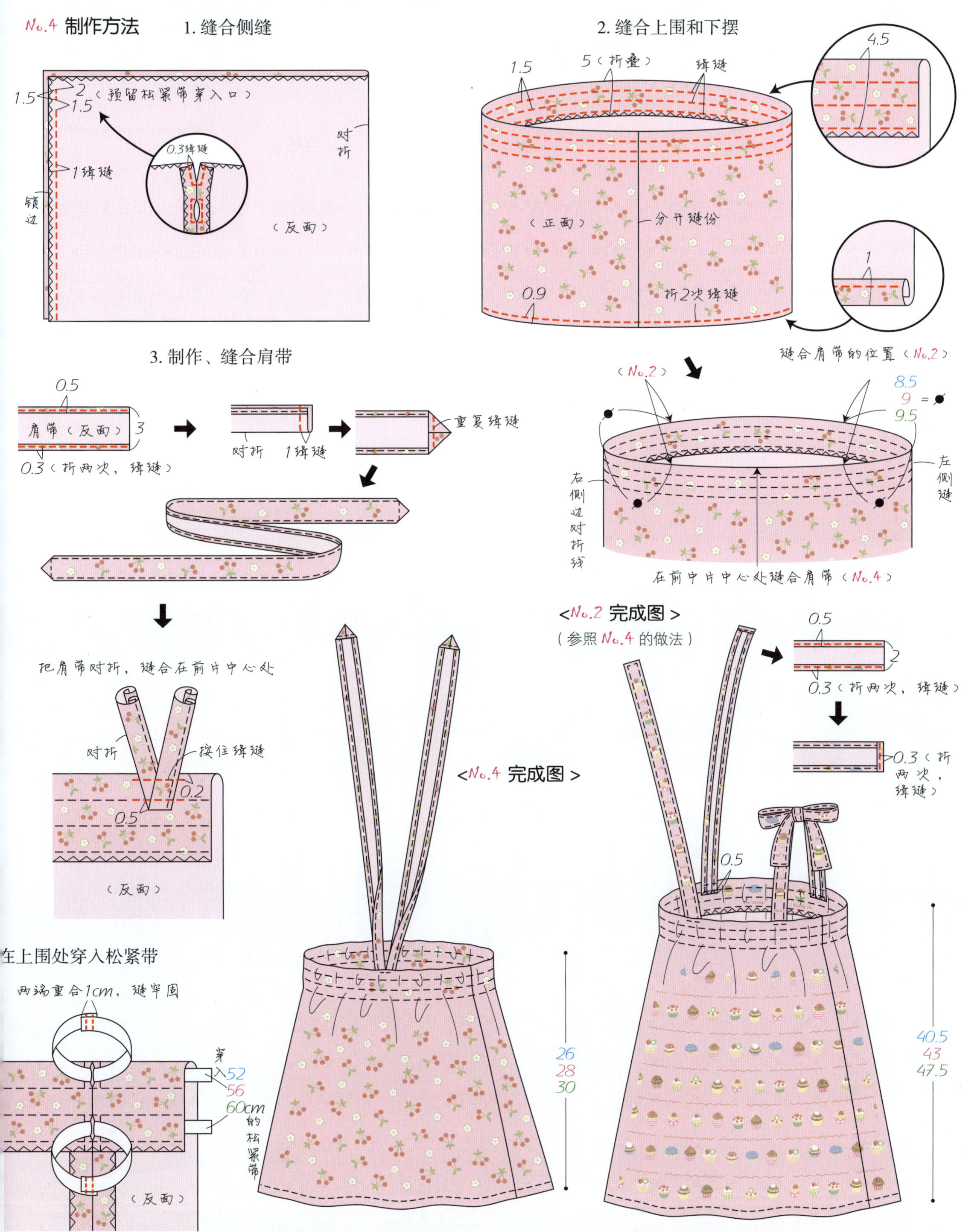

第6页 No.5

吊带衫

♥材料

面布（棉布）幅宽112cm 长50cm 50cm 55cm

装饰布（棉布）宽5cm 长125cm 130cm 135cm

♥面布是单方向的，裁剪时请注意

100cm（身高95~105cm）
110cm（身高105~115cm）
120cm（身高115~125cm）
只有一行数字的表示各规格通用

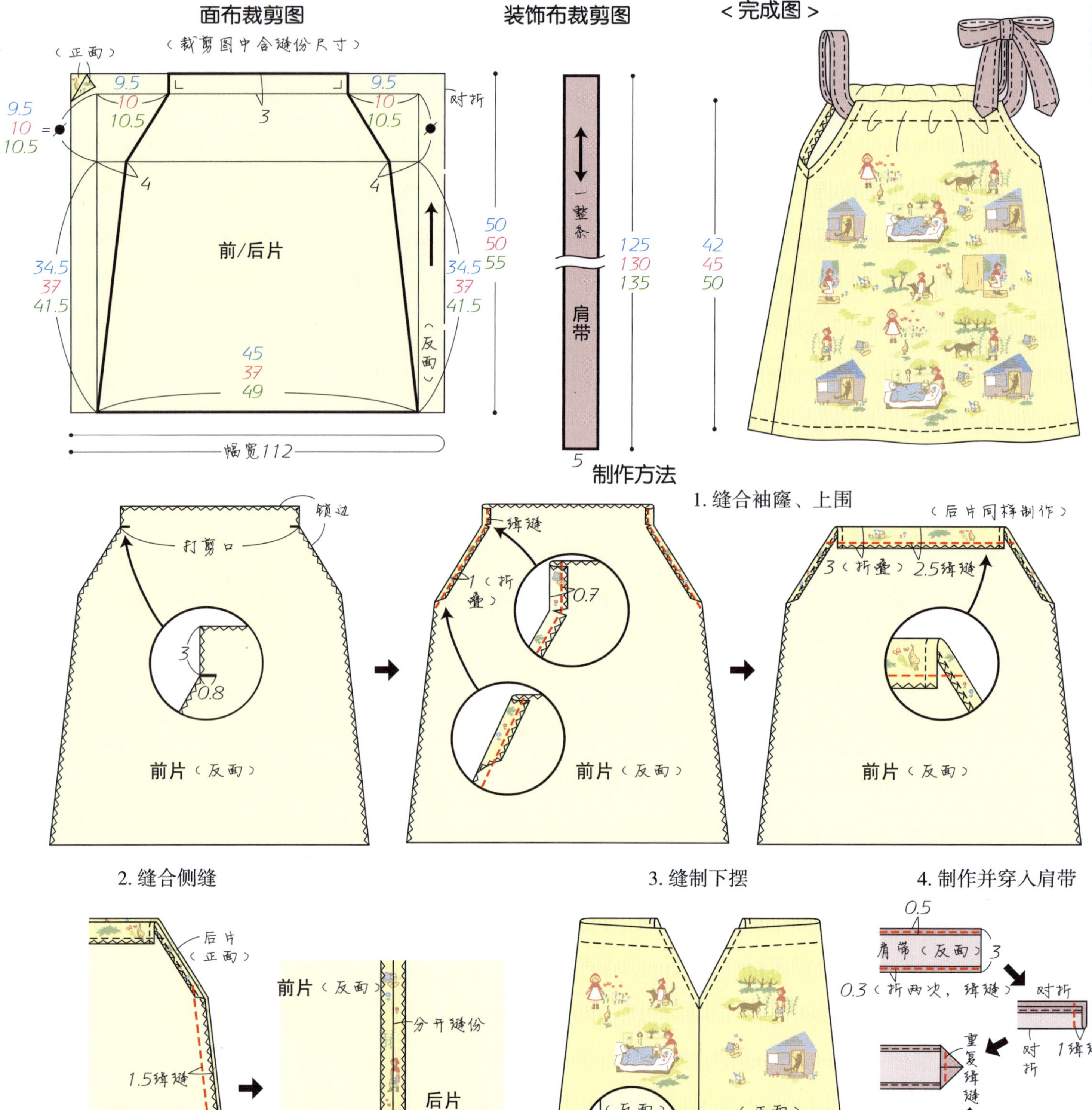

初次裁剪衣服的妈妈们也能缝制的人气上衣

可爱混搭型短款吊带衫

前后身样式一样，肩带采用圆绳，下摆装饰缨球花边

吊带衫规格100cm
模特身高105cm

No.6
见第66页

吊带衫规格110cm
模特身高115cm

双肩搭吊带衫

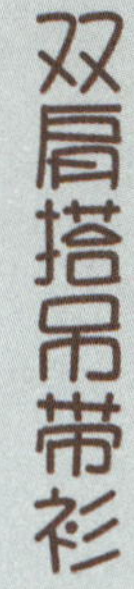

简约可爱的吊带衫

与No.6基本一样，前后身样式相同

No.7
见第66页

制作：古森克子

初次裁剪衣服的妈妈们也能缝制的
人气上衣

露背装规格120cm
模特身高121cm

No.8

见第14页

漂亮时尚的长款露背装

穿过前胸的同一条带子系到脖子后面，后背样式与第13页No.9相同

制作：吉田彩子

活泼可爱的短款露背装

立领风格的颈带

与No.8一样系在脖子后面

露背装规格110cm
模特身高115cm

No.9

见第14页

制作：吉田彩子

第 12、13 页 No.8·No.9

露背装

♥材料（1 件）

No.8 面布（花布）幅宽 112cm 长 55cm 55cm 60cm

No.9 面布（花布）幅宽 112cm 长 45cm 45cm 50cm

松紧带（后片）宽 0.6cm 长 23cm 25cm 27cm

♥请根据个人喜好调节松紧带长度

100cm（身高95~105cm）
110cm（身高105~115cm）
120cm（身高115~125cm）
只有一行数字的表示各规格通用

No.8 面布裁剪图

（裁剪图中含缝份尺寸）

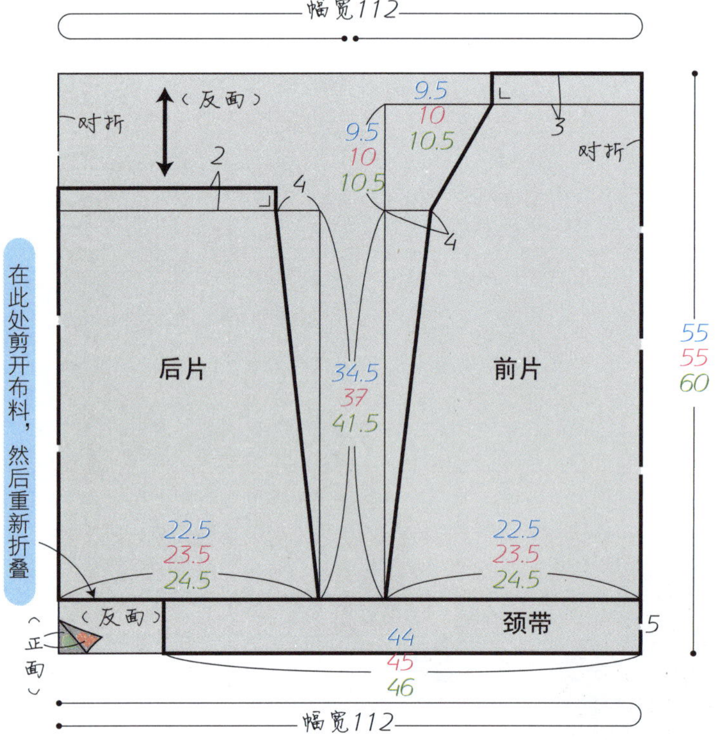

No.9 面布裁剪图

（裁剪图中含缝份尺寸）

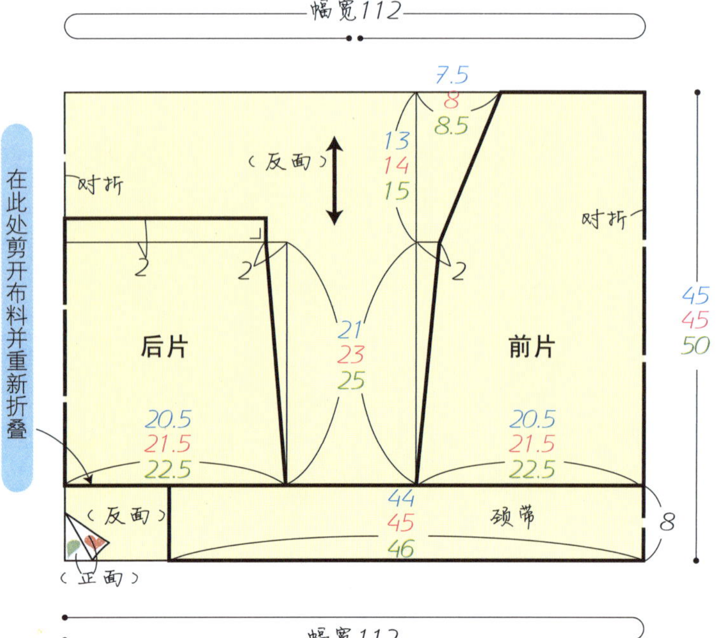

No.8 制作方法

1. 缝制袖窿、上围（参照第 66 页）

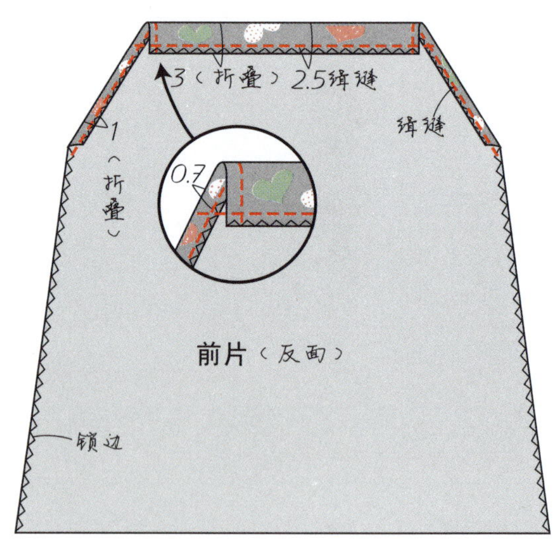

步骤 2~4 的制作方法（请参照第 15 页）

5. 缝制并穿入颈带

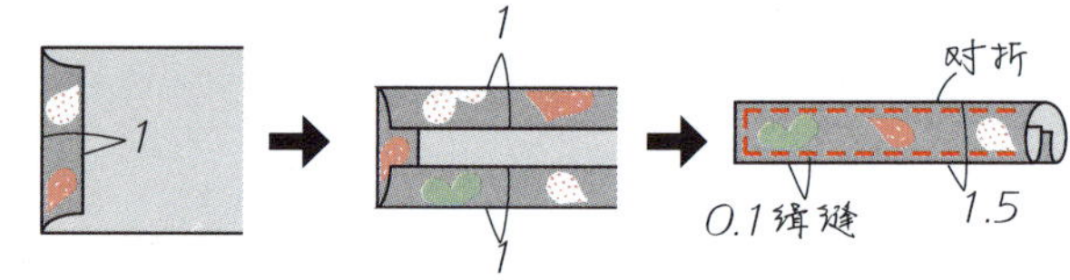

<No.8 完成图>

No.9 制作方法

1. 缝制袖窿
0.7
缉缝
1（折叠）
前片（反面）
锁边
2. 缝合侧缝
前片（正面）
2（预留）
1.5缉缝
后片（反面）
3. 缝制下摆
分开缝份
锁边
仔细对齐后修剪
2（折叠）
1.5缉缝
4. 后片穿入松紧带
0.5
在接缝处缉缝
松紧带边缘
缉缝固定
松紧带
前片（反面）
穿入23
25
27cm的松紧带
后片（反面）
左侧缝
右侧缝同样
固定缉缝
1.5 2（折叠）
缉缝时请避
开松紧带
23
25
27
5. 缝制颈带
0.8 0.5
大针脚拱缝
前片（正面）
12.5
13
13.5
抽紧2根拱缝
线，均匀收褶
对齐布边
1缉缝 颈带（反面）
<No.9 完成图>
31
34
37
对折 3
1（折叠）
0.1缉缝

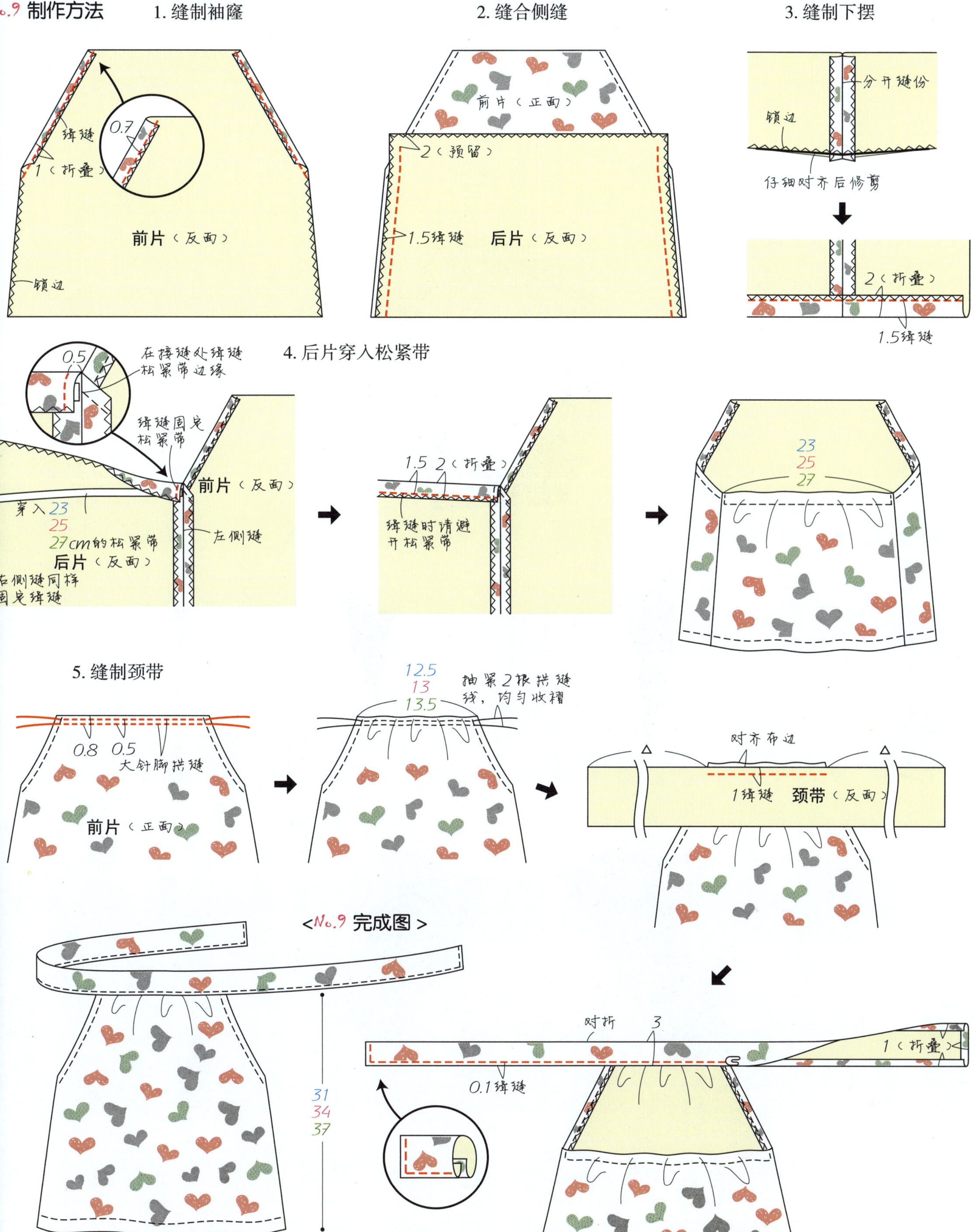

长方形布料打造的完美小罩衫

3种长方形布料制作的前后相同的罩衫哦

罩衫规格100cm
模特身高105cm

自然韵味的小罩衫

No.10

见第17页

制作：古森克子

第 16 页 No.10

罩衫

♥材料

面布（细平布）幅宽 110cm　长 65cm　70cm　75cm

100cm（身高95~105cm）
110cm（身高105~115cm）
120cm（身高115~125cm）
只有一行数字的表示各规格通用

面布裁剪图

（裁剪图中含缝份尺寸）

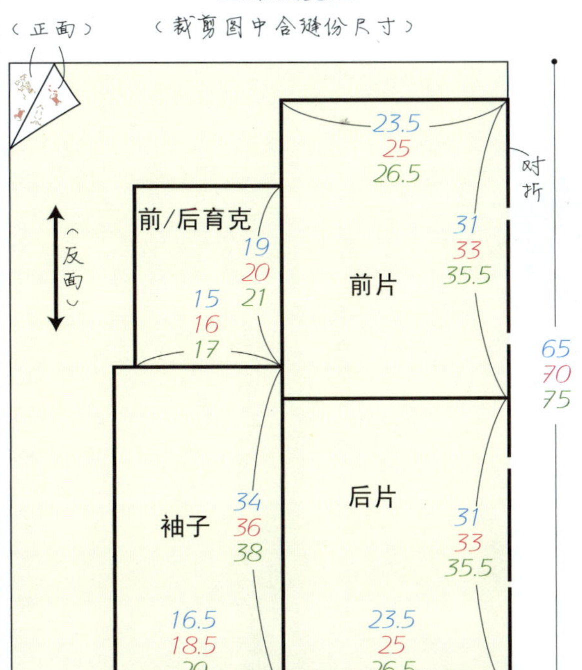

<完成图>

制作方法

1. 缝合育克和袖子

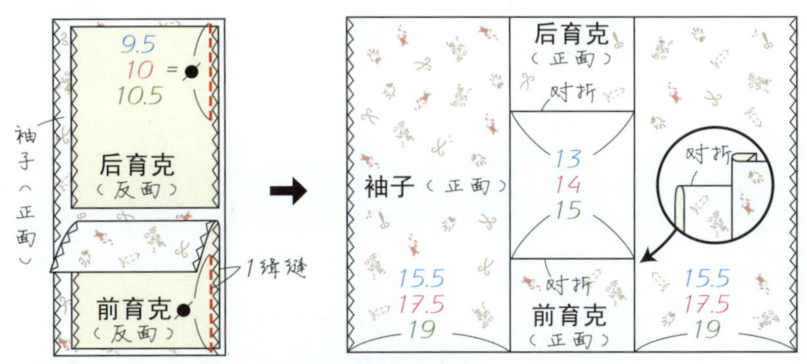

2. 在前、后片上均匀收褶，与育克缝合

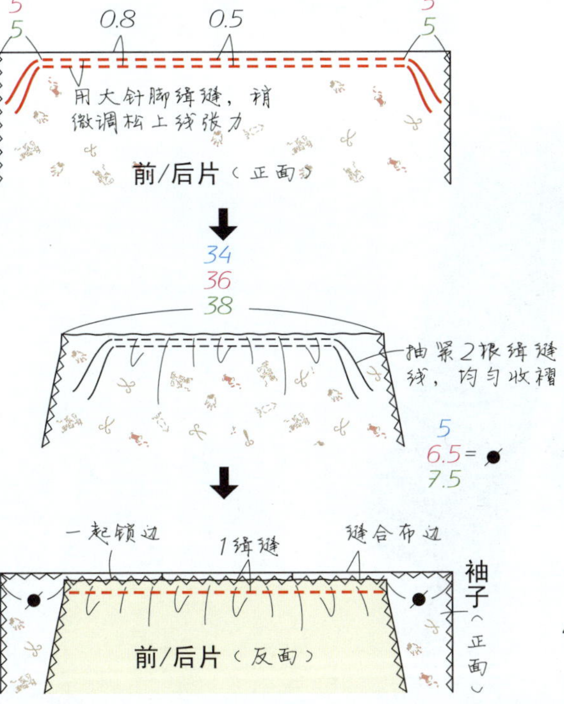

3. 缝制袖下缝、袖口侧缝

4. 缝制下摆

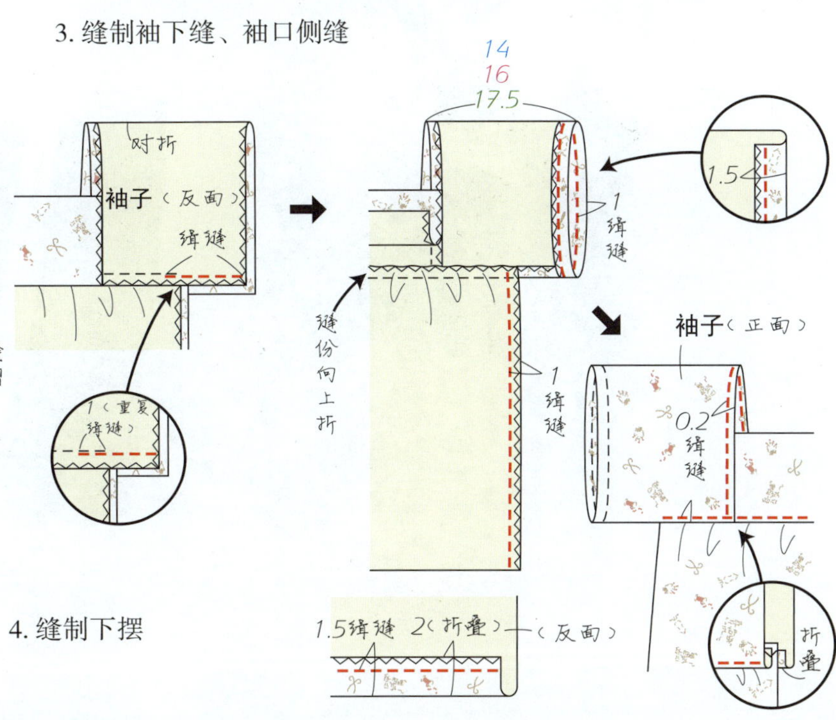

自然韵味的小罩衫

罩衫规格110cm
模特身高115cm

No.11

见第20页

半圆形小袖罩衫

使用半圆形布料缝制的飘逸喇叭袖，超简单哦

制作：古森克子

手工缝制的可爱小罩衫

衣身较No.11短，更换衣身和袖子的面料，竖向装饰蕾丝花边

制作：古森克子

第 18、19 页 No.11·No.12

罩衫

♥材料（1 件）

No.11 面布（灯芯绒）幅宽 108cm　长 100m　110cm　120cm

No.12 面布（方格布）幅宽 90cm　长 85cm　90cm　95cm

No.12 装饰布（机绣布）幅宽 40cm　长 40cm

No.12 熨烫黏合花边宽 0.8cm　长 166cm　176cm　188cm

松紧带（上围）宽 0.6cm　长 30cm　32cm　34cm

♥No.11 裁剪时请注意面布的毛向

♥请根据个人喜好调整松紧带的长度

100cm（身高95~105cm）
110cm（身高105~115cm）
120cm（身高115~125cm）
只有一行数字的表示各规格通用

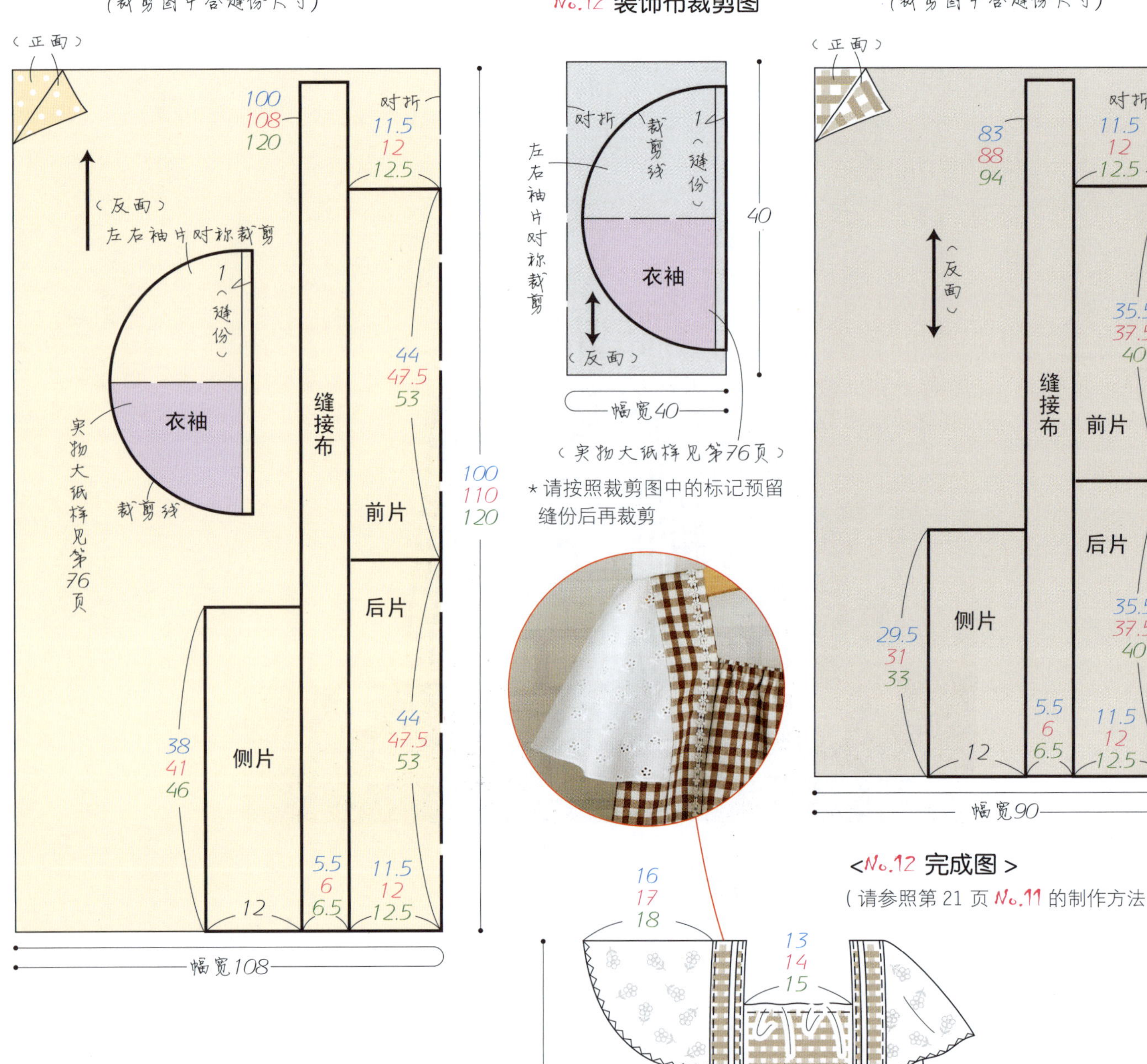

*请按照裁剪图中的标记预留缝份后再裁剪

<No.12 完成图>

（请参照第 21 页 No.11 的制作方法）

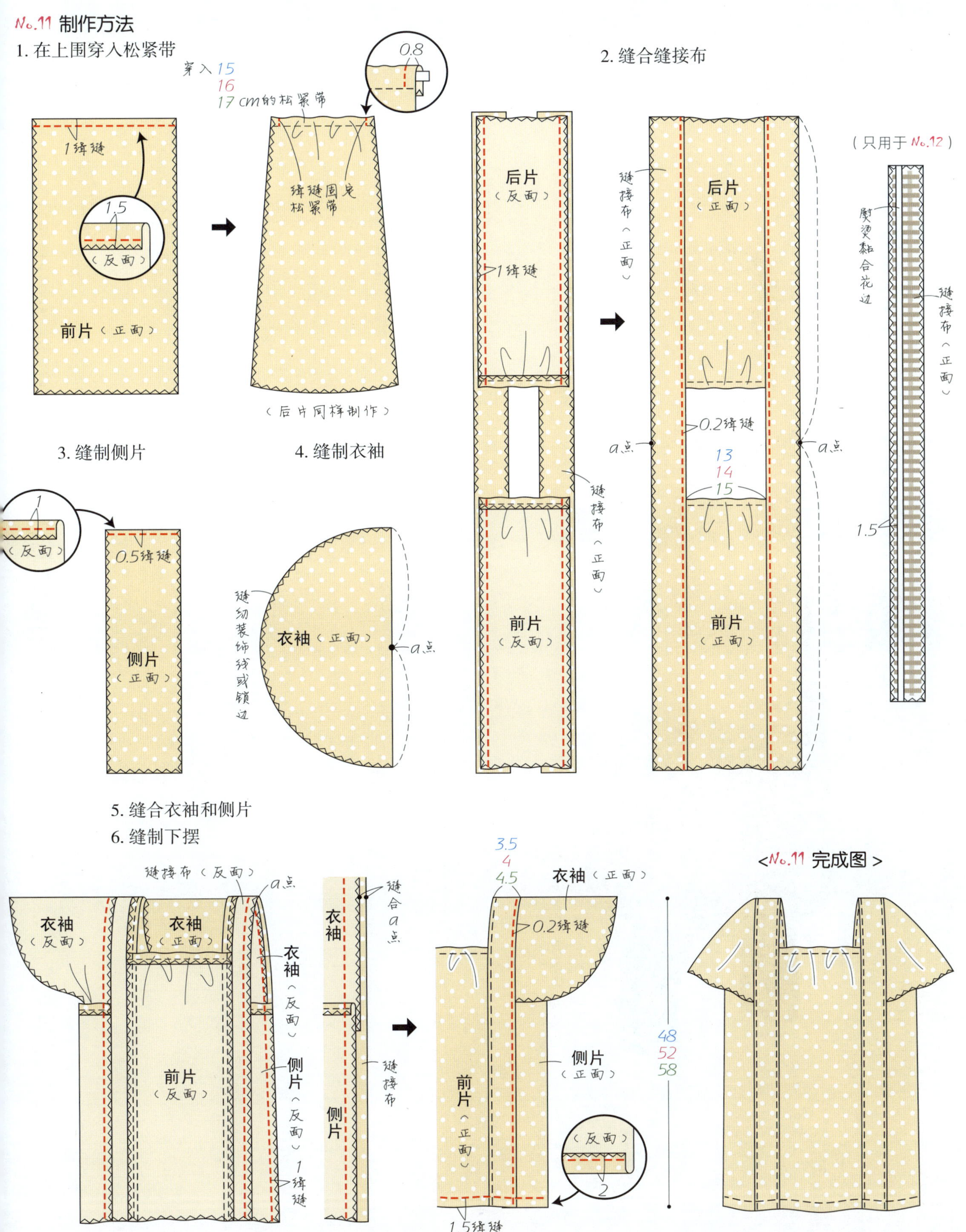
No.11 制作方法
1. 在上围穿入松紧带
1缉缝
1.5
（反面）
前片（正面）
穿入15
16
17cm的松紧带
0.8
缉缝固定
松紧带
（后片同样制作）
2. 缝合缝接布
后片
（反面）
1缉缝
缝接布（正面）
前片
（反面）
缝接布（正面）
后片
（正面）
0.2缉缝
a点
a点
13
14
15
前片
（正面）
（只用于No.12）
熨烫黏合花边
缝接布（正面）
1.5
3. 缝制侧片
1
（反面）
0.5缉缝
侧片
（正面）
4. 缝制衣袖
缝纫装饰线或锁边
衣袖（正面）
a点
5. 缝合衣袖和侧片
6. 缝制下摆
缝接布（反面）
a点
衣袖
（反面）
衣袖
（正面）
衣袖（反面）
前片
（反面）
侧片（反面）
1缉缝
衣袖
缝合a点
侧片
缝接布
3.5
4
4.5
衣袖（正面）
0.2缉缝
前片（正面）
侧片
（正面）
（反面）
2
1.5缉缝
48
52
58
<No.11 完成图>

可爱的短裙

尽显手工缝制魅力的超简约梯形裙

普遍而又难得的简单设计，
腰部装有松紧带，穿脱都很简单哦

梯形裙规格110cm
模特身高115cm

No.13

见第23页

制作：Button

第 22 页 No.13

梯形裙

♥材料
面布（灯芯绒）幅宽 108cm　长 40cm　40cm　45cm
松紧带（腰部）宽 1cm　长 47cm　49cm　51cm
♥裁剪时请注意面布毛向
♥请根据个人喜好调整松紧带的长度

100cm（身高95~105cm）
110cm（身高105~115cm）
120cm（身高115~125cm）
只有一行数字的表示各规格通用

面布裁剪图（裁剪图中含缝份尺寸）

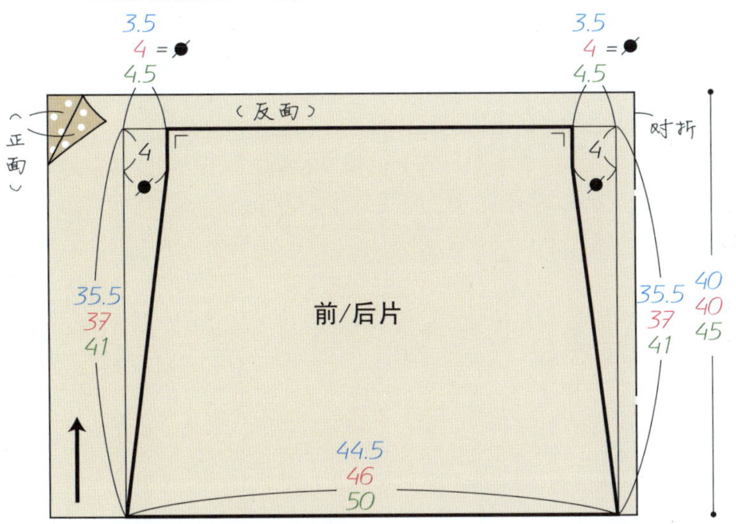

制作方法

1. 缝合侧缝

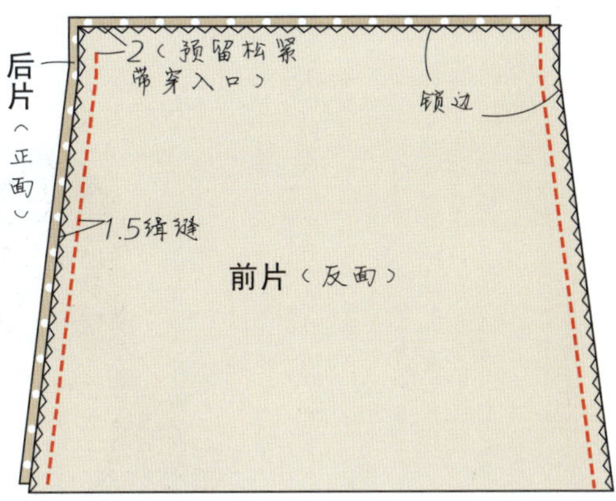

2. 缝制腰部和下摆

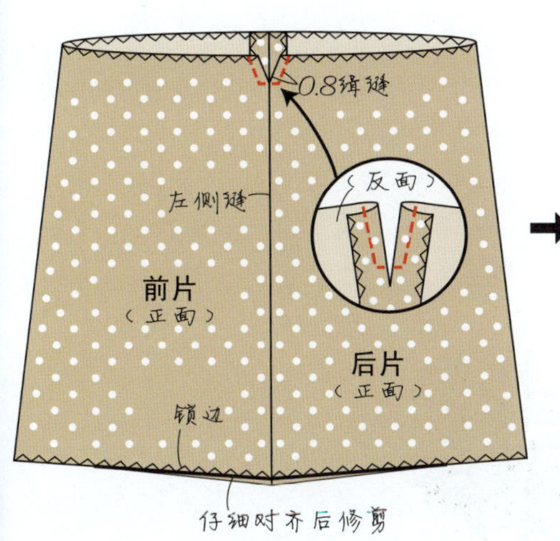

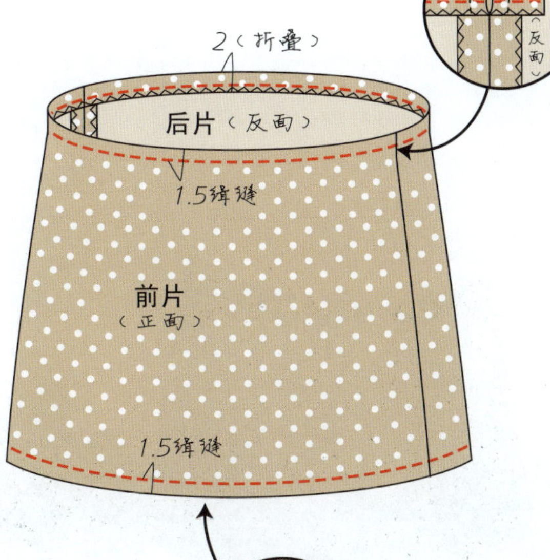

3. 在腰部穿入松紧带

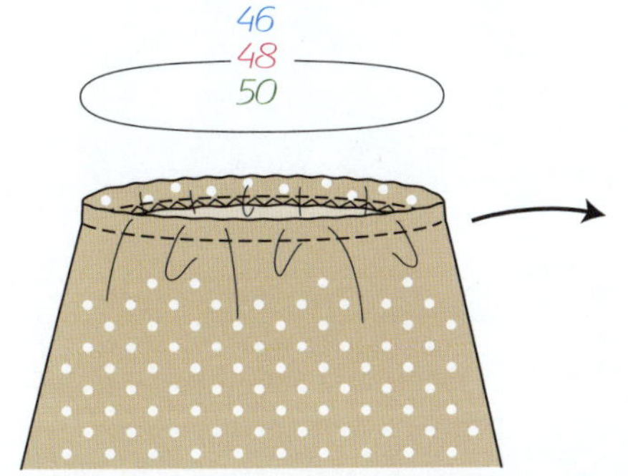

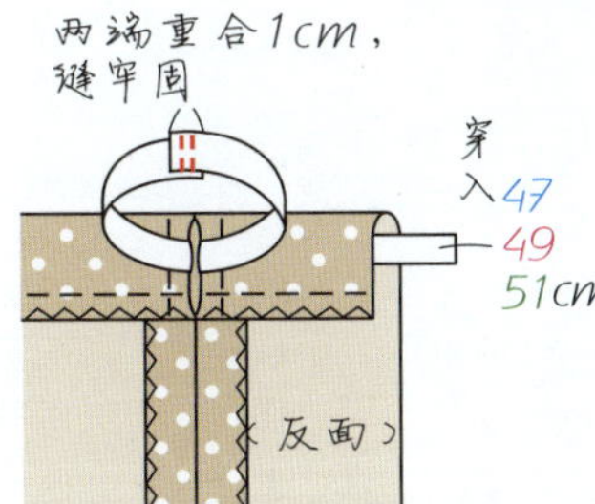

穿入47
49
51cm的松紧带

<完成图>

装饰小口袋的简约麦雅梯形裙

可爱的短裙

在传统斜纹粗棉布短裙上装饰两个小·圆点口袋
打造创意风格哦

No.14

见第26页

梯形裙规格100cm
模特身高105cm

制作：Button

No.15

见第27页

梯形裙规格110cm

No.16

见第27页

梯形裙规格120cm

镶缀蕾丝或花边的单色短裙

初学者也可简单制作哦

稍费工夫就会增添手工制作的感觉哦

制作：Button

第 24 页 No.14

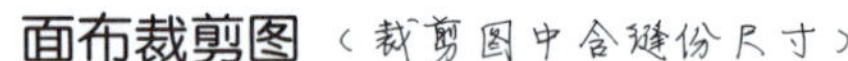

梯形裙

♥材料
面布（斜纹粗棉布）幅宽 110cm　长 40cm　40cm　45cm
袋布（棉布）宽 30cm　长 15cm
松紧带（腰部）宽 1cm　长 47cm　49cm　51cm
♥请根据个人喜好调整腰部松紧带的长度

100cm（身高95~105cm）
110cm（身高105~115cm）
120cm（身高115~125cm）
只有一行数字的表示各规格通用

面布裁剪图（裁剪图中含缝份尺寸）

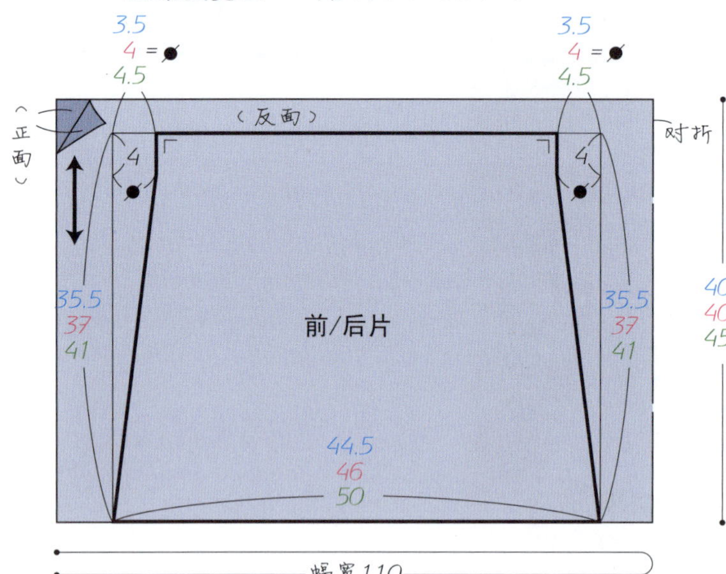

袋布裁剪图

口袋（实物大纸样见第75页）

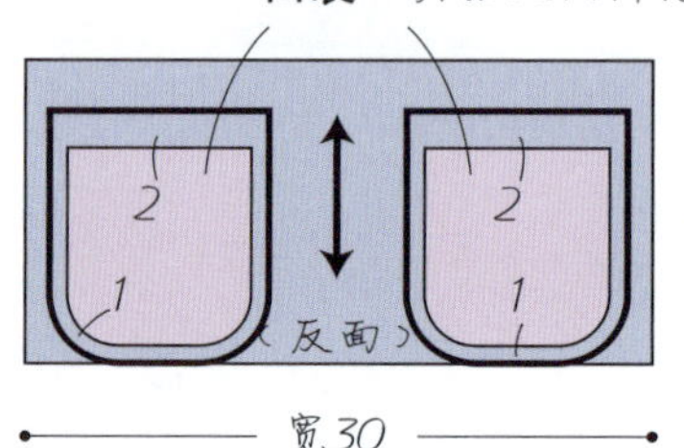

＊请按照袋布裁剪图中的标记预留缝份后再裁剪

制作方法

1. 制作、缝缀口袋

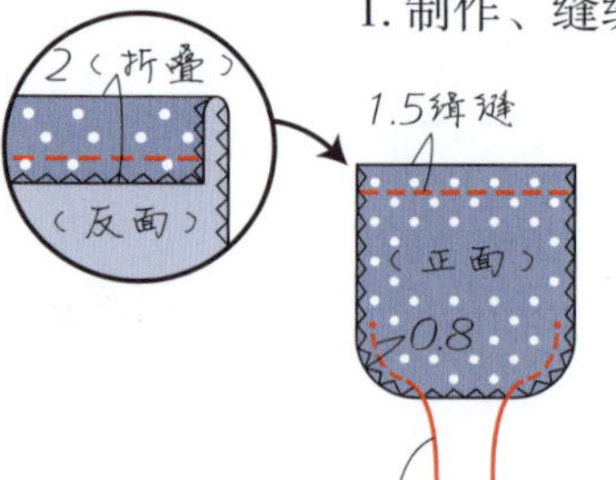

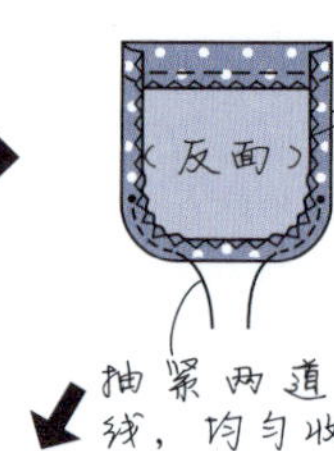

2. 缝合侧缝

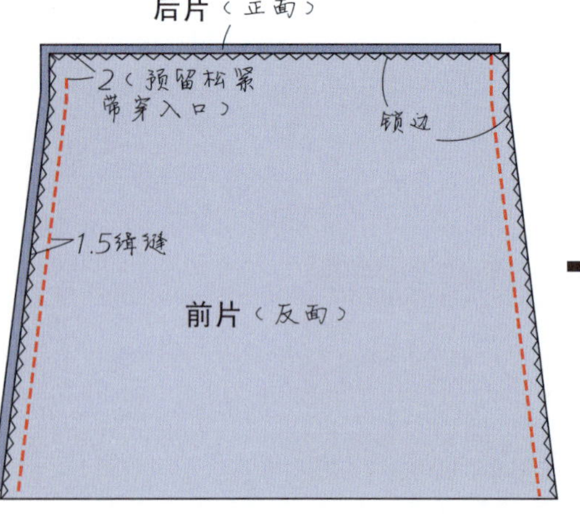

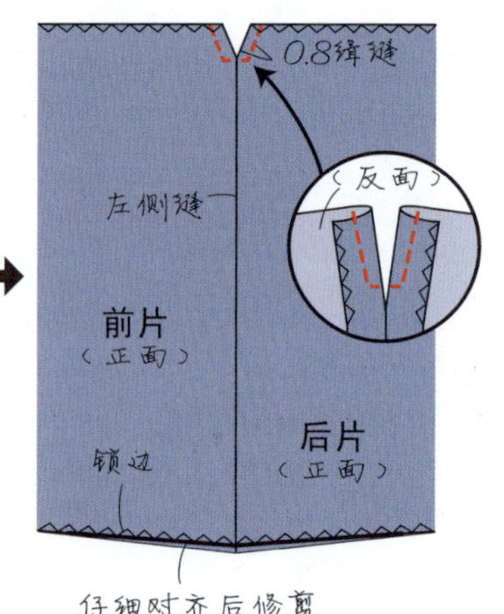

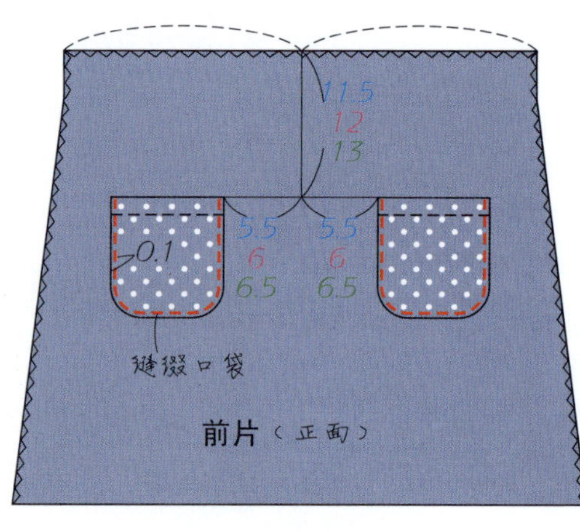

3. 缝制腰部和下摆

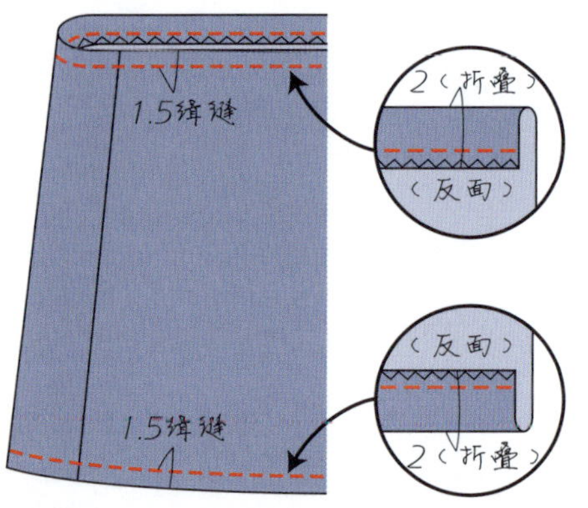

4. 腰部穿入松紧带

两端重合1cm，缝牢固

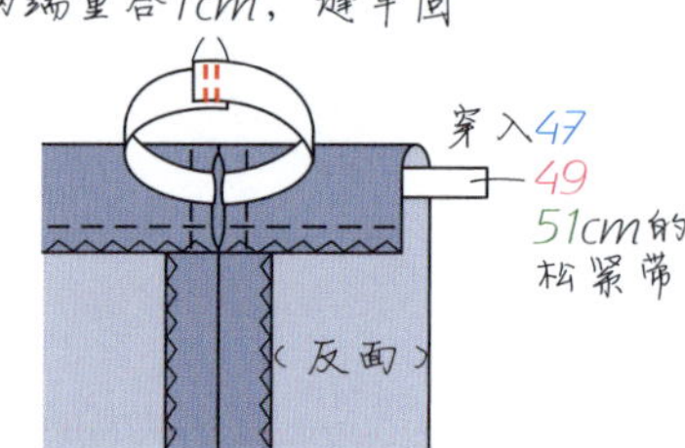

<完成图>

第25页 No.15·No.16

单色梯形裙

♥材料（1件）

面布（棉布）幅宽110cm　长40cm　40cm　45cm

No.15 熨烫黏合花边（下摆）宽2.2cm　长85cm　88cm　96cm

No.16 镶边（下摆）宽1.5cm　长85cm　88cm　96cm

No.16 曲线镶边（下摆）宽1cm　长85cm　88cm　96cm

松紧带（腰部）宽1cm　长47cm　49cm　51cm

♥请根据个人喜好调整腰部松紧带的长度

100cm（身高95~105cm）
110cm（身高105~115cm）
120cm（身高115~125cm）
只有一行数字的表示各规格通用

No.15·No.16 面布裁剪图（裁剪图中含缝份尺寸）

3.5
4 =●
4.5

3.5
4 =●
4.5

（正面）

对折

4

4

35.5
37
41

前/后片

35.5
37
41

40
40
45

（反面）

44.5
46
50

幅宽110

<No.16 完成图>

（请参照No.15的制作方法）

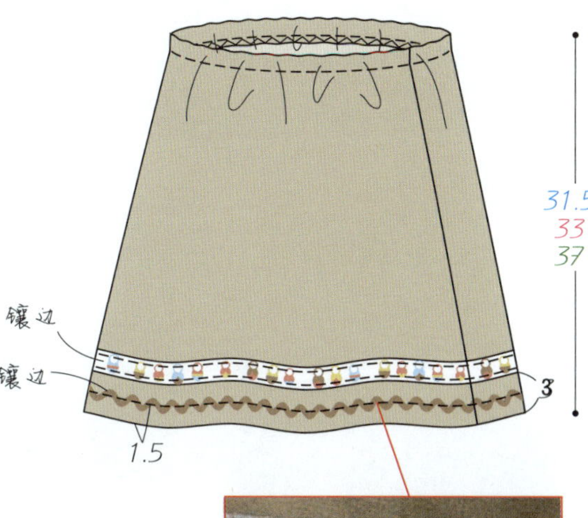

No.15 制作方法

1. 缝合侧缝

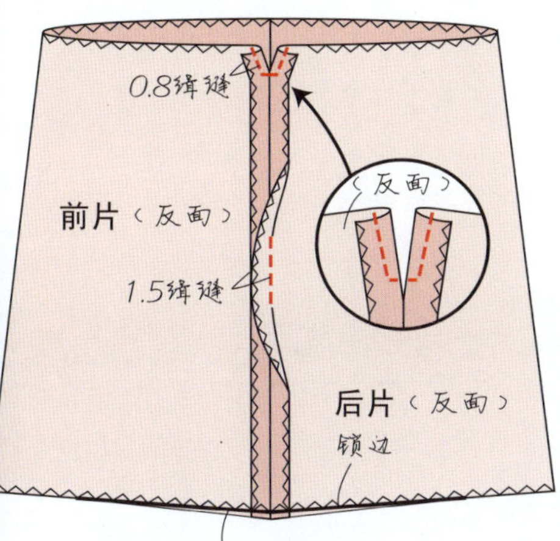

2. 缝制腰部和下摆

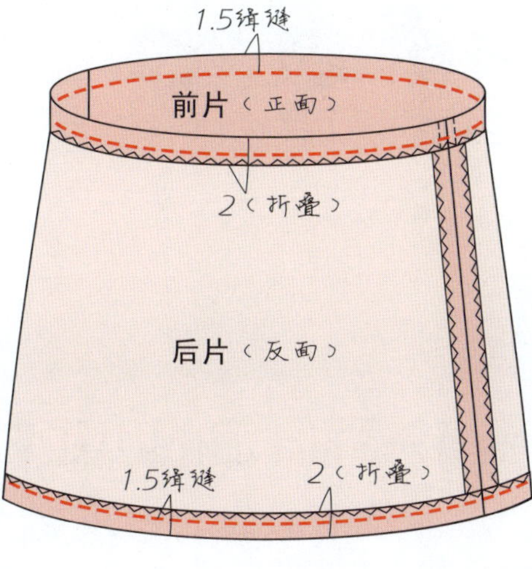

<No.15 完成图>

3. 在腰部穿入松紧带

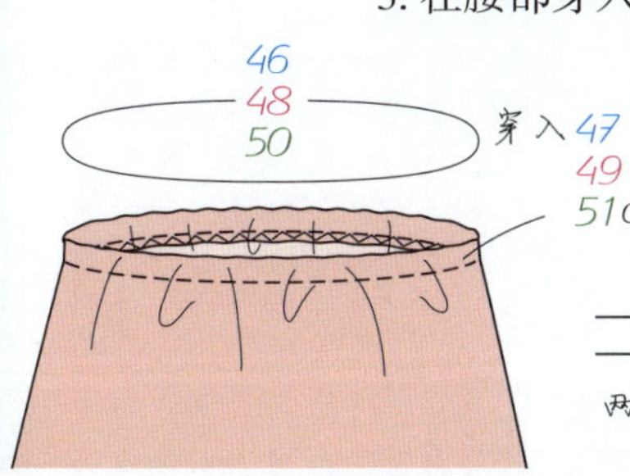

穿入47
49
51cm的松紧带

两端重合1cm，缝牢固

4. 粘贴熨烫黏合花边

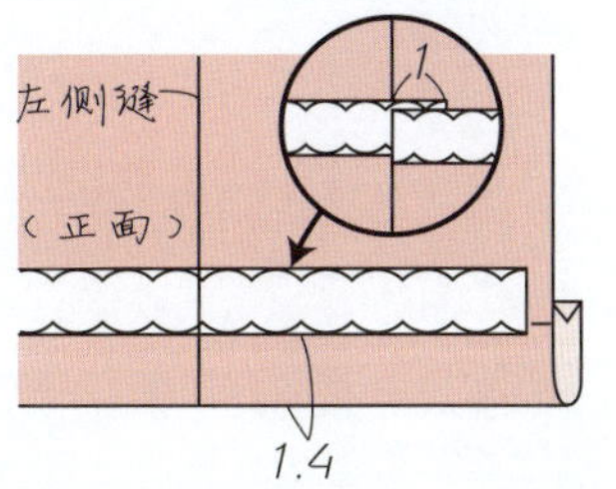

No.17

见第29页
短裙规格110cm

下摆缝缀精美荷叶边的小短裙

- 在普通梯形裙上缝缀精巧荷叶镶边
- 超活泼的人气设计风格

制作：Button

第28页 No.17

短裙

♥材料
面布（棉布）幅宽 110cm 长 45cm 45cm 50cm
松紧带（腰部）宽 1cm 长 47cm 49cm 51cm
♥请根据个人喜好调整松紧带的长度

100cm（身高95~105cm）
110cm（身高105~115cm）
120cm（身高115~125cm）
只有一行数字的表示各规格通用

面布裁剪图（裁剪图中含缝份尺寸）

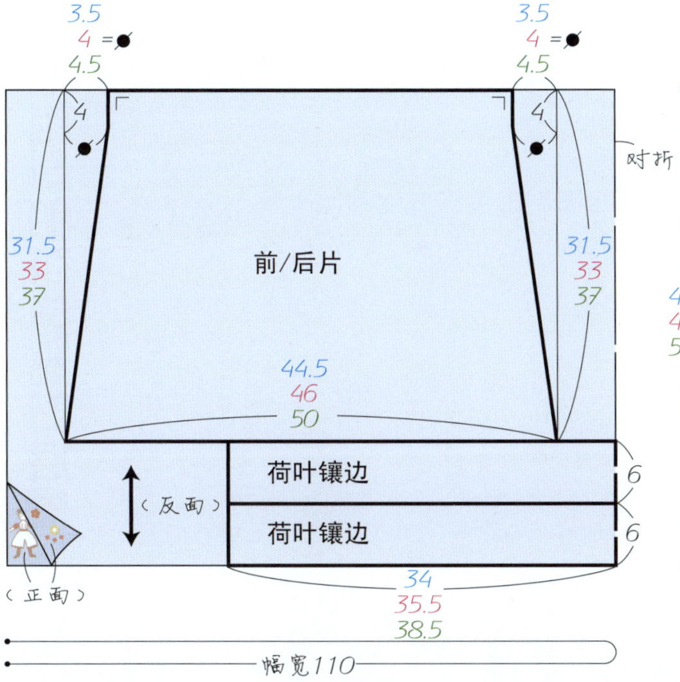

制作方法

1. 缝合侧缝

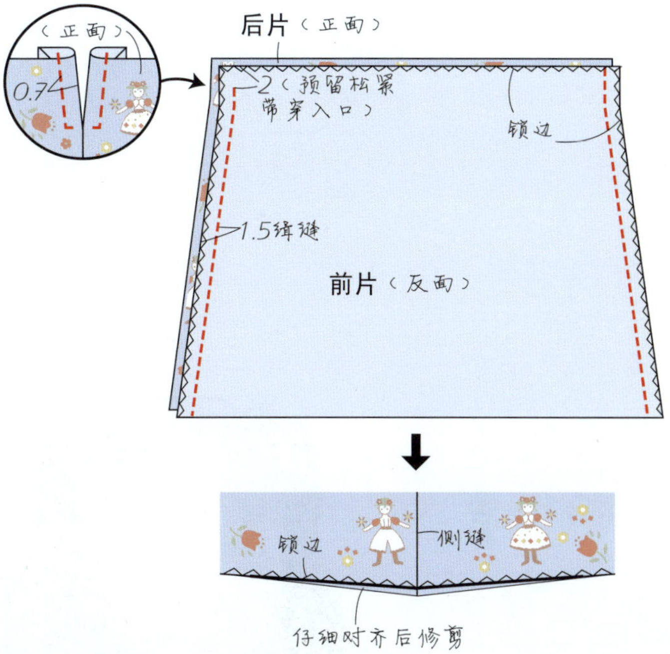

2. 缝制腰口

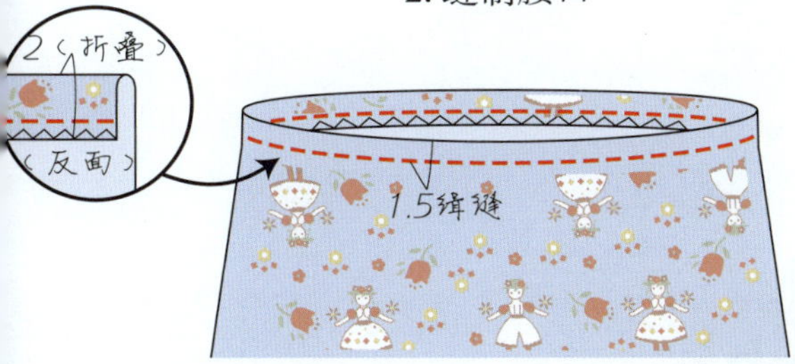

3. 制作并缝缀荷叶镶边

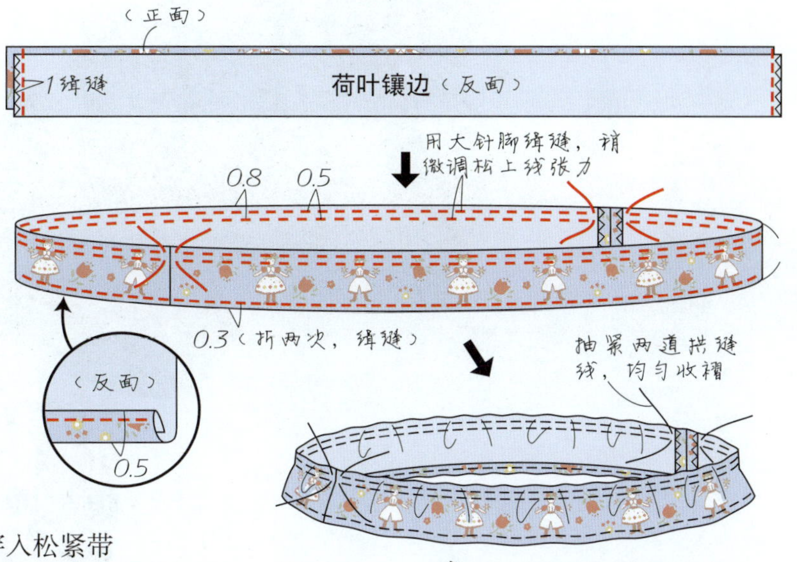

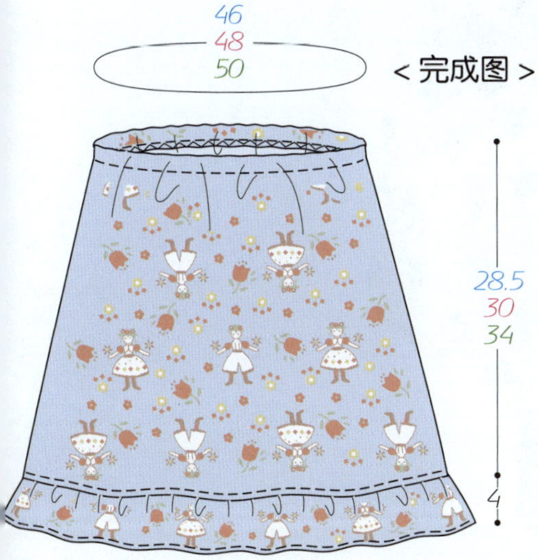

＜完成图＞

4. 在腰部穿入松紧带

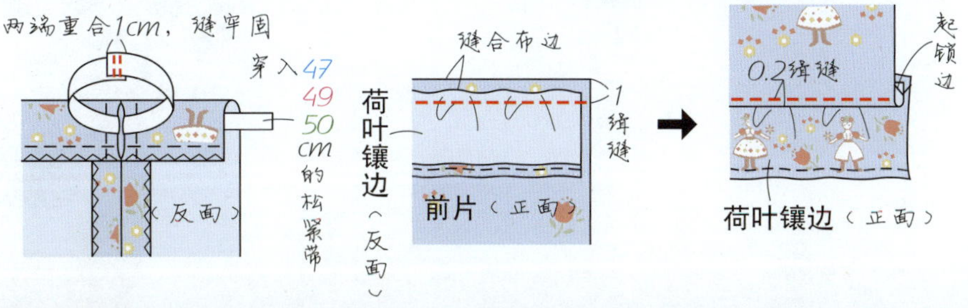

可爱的短裙

用长方形布料即可缝制的塔裙

在两块长方形布料上装饰衣褶制作而成
超赞！膨膨的线条轮廓，极力推荐

塔裙规格120cm
模特身高121cm

No.18

见第31页

制作：Button

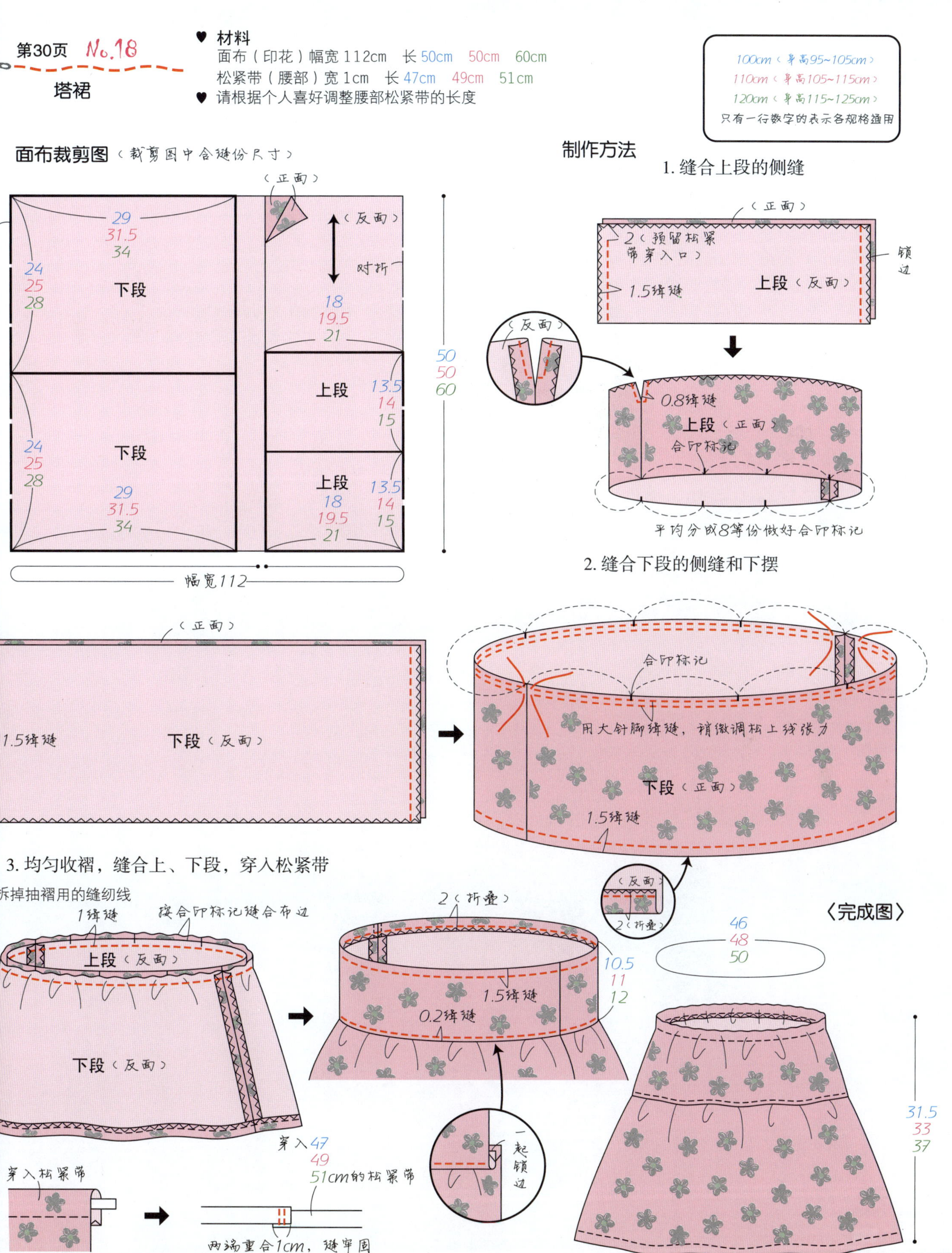
第30页 No.18
塔裙
♥ 材料
面布（印花）幅宽112cm 长50cm 50cm 60cm
松紧带（腰部）宽1cm 长47cm 49cm 51cm
♥ 请根据个人喜好调整腰部松紧带的长度
100cm（身高95~105cm）
110cm（身高105~115cm）
120cm（身高115~125cm）
只有一行数字的表示各规格通用
面布裁剪图（裁剪图中含缝份尺寸）
（正面）
（反面）
对折
29 31.5 34
24 25 28
下段
18 19.5 21
上段
13.5 14 15
50 50 60
幅宽112
制作方法
1. 缝合上段的侧缝
（正面）
2（预留松紧带穿入口）
1.5缉缝
上段（反面）
锁边
（反面）
0.8缉缝
上段（正面）
合印标记
平均分成8等份做好合印标记
2. 缝合下段的侧缝和下摆
（正面）
1.5缉缝
下段（反面）
合印标记
用大针脚缉缝，稍微调松上线张力
下段（正面）
1.5缉缝
（反面）
2（折叠）
3. 均匀收褶，缝合上、下段，穿入松紧带
拆掉抽褶用的缝纫线
1缉缝
按合印标记缝合布边
上段（反面）
下段（反面）
2（折叠）
10.5 11 12
1.5缉缝
0.2缉缝
一起锁边
穿入47 49 51cm的松紧带
穿入松紧带
两端重合1cm，缝牢固
〈完成图〉
46 48 50
31.5 33 37

可爱的短裙

蕾丝花边下摆的清纯搭裙

方格布与蕾丝的绝妙搭配
一年四季都可以穿哦

塔裙规格110cm
模特身高115cm

No.19

见第68页

制作 :Button

塔裙规格100cm
模特身高105cm

No.20
见第68页

变换布料的绚丽塔裙

与No.19款式相同
两种印花别出心裁的挑战

制作：Button

可爱的短裙

长方形布料缝制的单褶短裙

英格兰风情的布料花纹
打造漂亮的传统风格

单褶短裙规格110cm
模特身高115cm

No.21

见第35页

制作：古森克子

No.21·No.22 单褶短裙

♥材料（1件）

No.21 面布（棉麻混纺）幅宽 112cm 长 40cm 40cm 45cm

No.22 面料（棉布）幅宽 112cm 长 40cm 40cm 45cm

松紧带（腰部）宽 1cm 长 47cm 49cm 51cm

No.22 纽扣直径 2cm，3个

♥No.21 的面布是单向的，裁剪时请注意

♥请根据个人喜好调整腰部松紧带的长度

100cm（身高95~105cm）
110cm（身高105~115cm）
120cm（身高115~125cm）
只有一行数字的表示各规格通用

No.21 · No.22 面布裁剪图

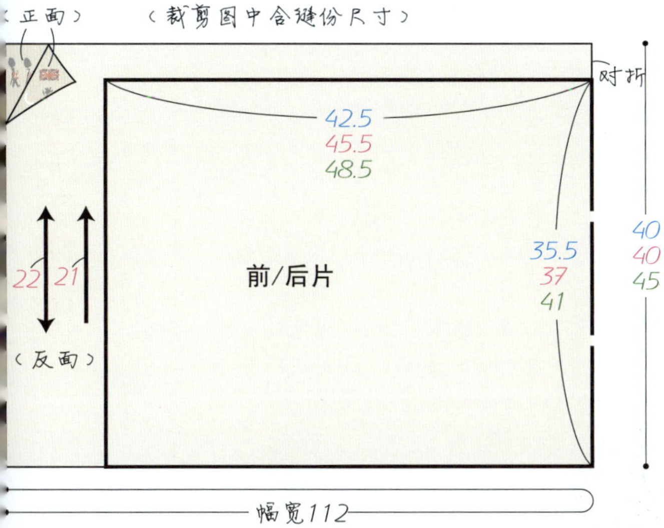

<No.21 完成图>

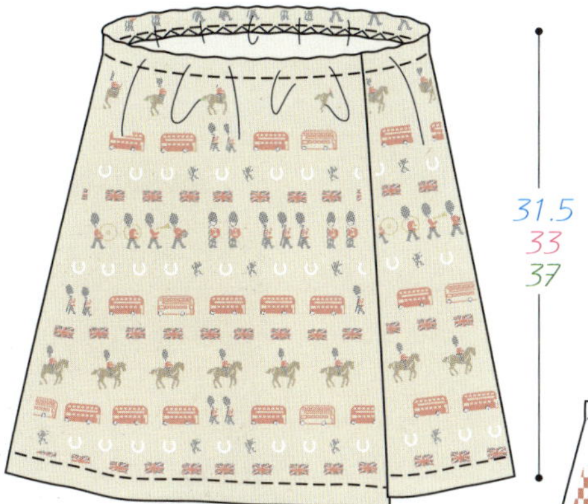

<No.22 完成图>

（请参照 No.21 的制作方法）

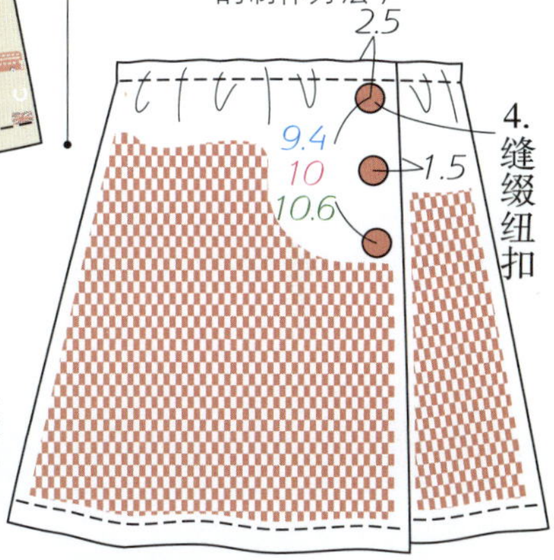

※No.22 的款式图在 36 页

No.21 制作方法

1. 缝制下摆

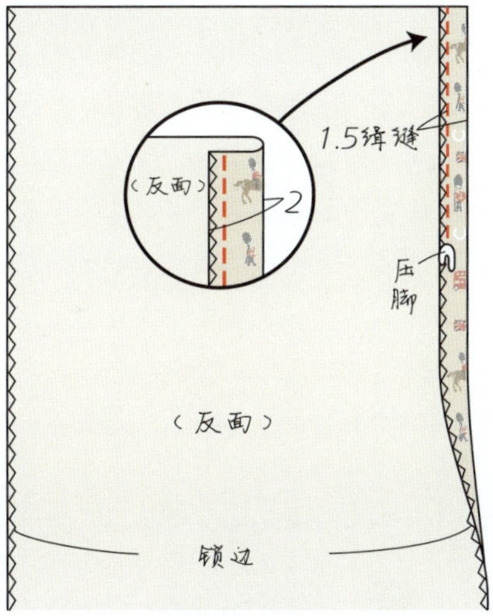

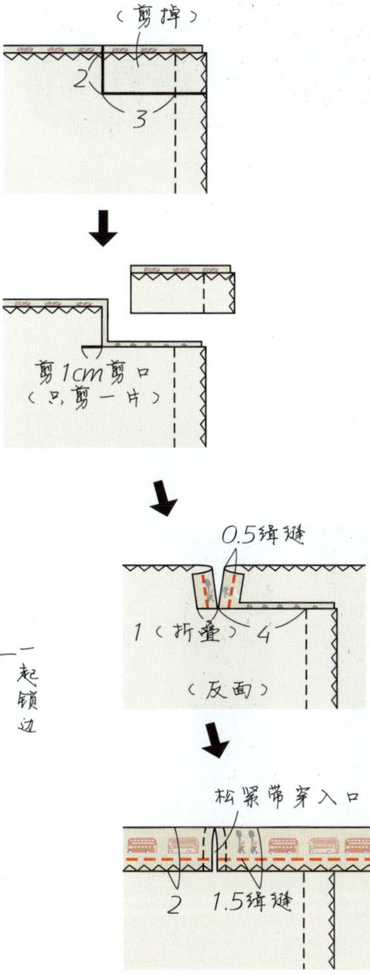

2. 缝合布边

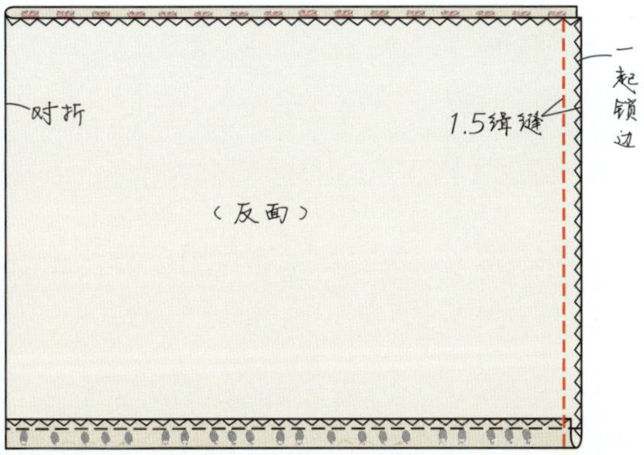

3. 均匀收褶，缝制腰口，穿入松紧带

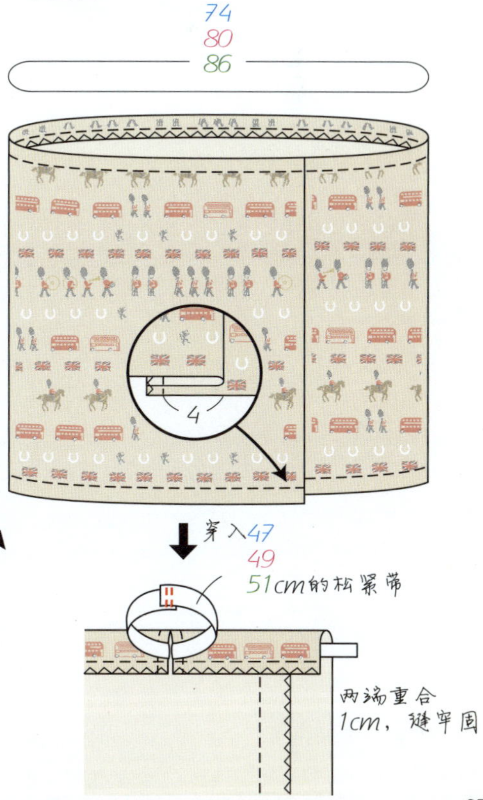

可爱的短裙

添加纽扣装饰
打造焕然一新的感觉

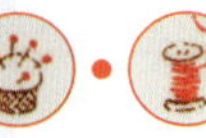

No.22

见第35页

单褶短裙规格100cm
模特身高105cm

制作：古森克子

折纸式精美褶裥裙

不同的褶裥设计散发出别样的气息

用一块长方形布料即可制作哦

制作：古森克子

第37页 No.23

褶裥裙

♥ 材料

面布（棉布）幅宽112cm 长40cm 40cm 45cm

松紧带（腰部）宽1cm 长47cm 49cm 51cm

♥ 请根据个人喜好调节腰部松紧带的长度

100cm（身高95~105cm）
110cm（身高105~115cm）
120cm（身高115~125cm）
只有一行数字的表示各规格通用

面布裁剪图

（裁剪图中含缝份尺寸）

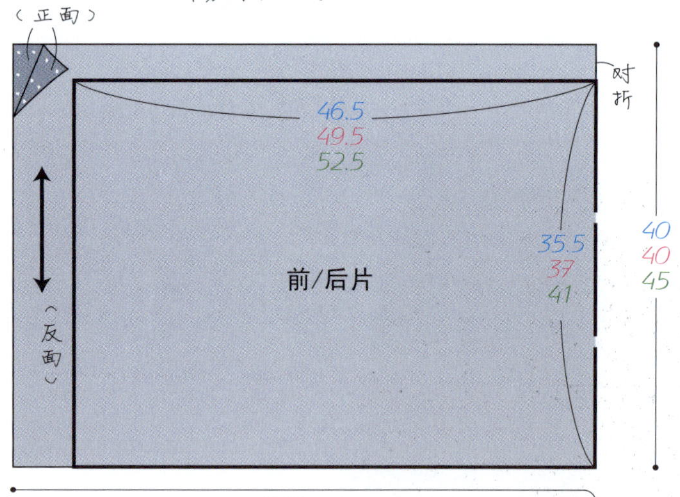

<完成图>

制作方法

1. 缝制下摆

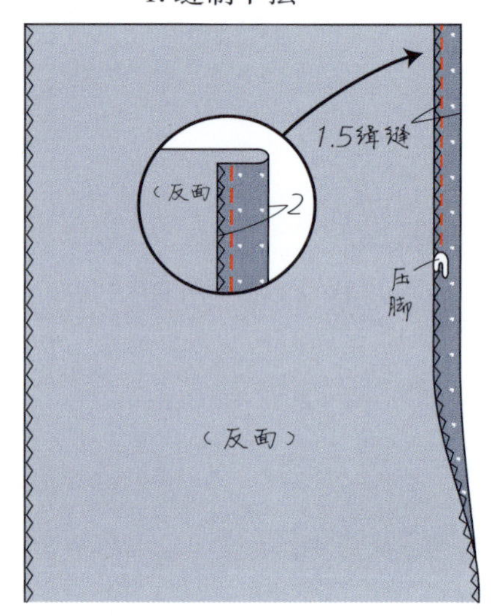

2. 缝合布边

3. 缝制褶裥

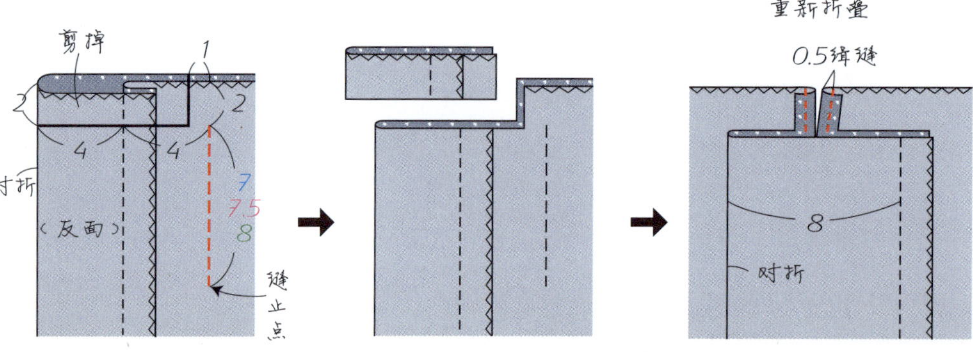

4. 缝制腰口，穿入松紧带

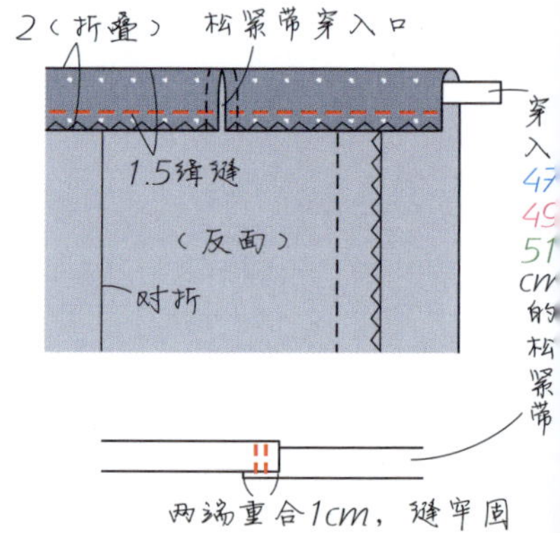

第37页 No.24

褶裥裙

♥材料
面布（棉布）幅宽112cm 长40cm 40cm 45cm
松紧带（腰部）宽1cm 长47cm 49cm 51cm
♥请根据个人喜好调整腰部松紧带的长度

100cm（身高95~105cm）
110cm（身高105~115cm）
120cm（身高115~125cm）
只有一行数字的表示各规格通用

面布裁剪图

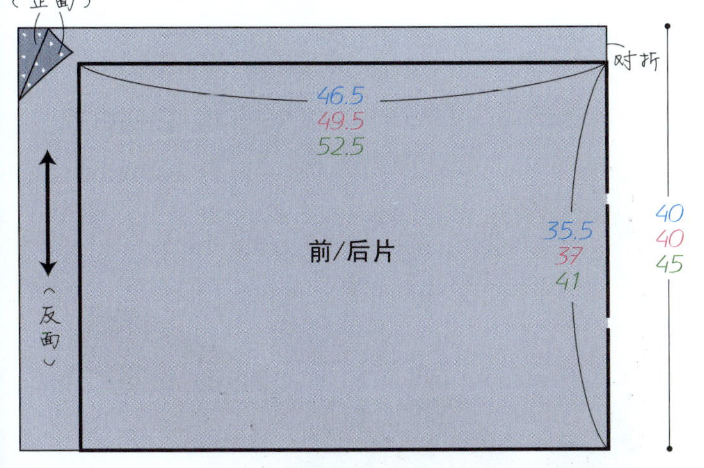

制作方法

1. 缝制下摆
2. 缝合布边

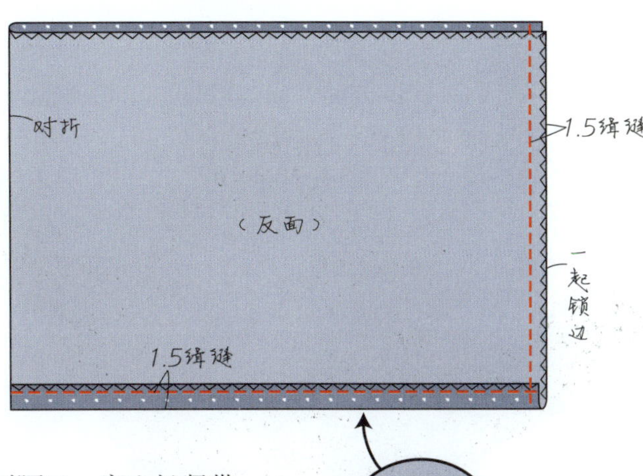

3. 缝制褶裥

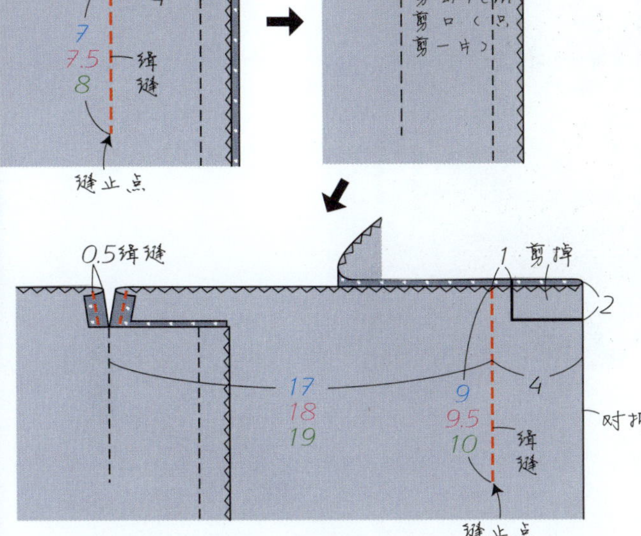

4. 缝制腰口，穿入松紧带

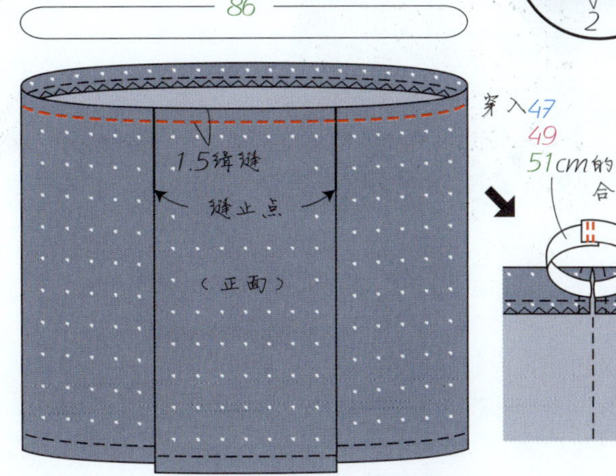

<完成图>

男女通用的休闲裤

以口袋为亮点的短裤

无侧缝的筒形短裤，用一块布料即可做成哦。制作简单，穿着方便

No.25

见第44页

短裤规格110cm
模特身高115cm

No.26

见第44页

短裤规格110cm
模特身高115cm

制作：古森克子

通用的休闲裤！

清新淡雅的迷彩和格纹，对男孩女孩都是超有人气魅力的印花设计哦

简约型裤子彰显独特的休闲韵味

稍显宽松的魅力剪影，打造时装潮流的精品动向！旁边的补丁口袋是个亮点啊

No.28

见第44页

裤子规格110cm
模特身高115cm

No.27

见第44页

裤子规格110cm
模特身高115cm

制作：古森克子

男女通用的休闲裤

英伦风的穿着同样时尚靓丽

用时尚的灯芯绒精心设计的休闲裤，为你倾心打造舒心惬意的百搭衣柜

No.27

No.28

第40~43页

No.25~No.28

裤子
（五分裤·七分裤）

♥ 材料（1件）

No.25、No.26 面布（棉布）幅宽 110cm　长 40cm　45cm　45cm

No.25、No.26 装饰布（棉布）宽 25cm　长 15cm

No.27、No.28 面布（灯芯绒）幅宽 106cm　长 70cm　70cm　80cm

松紧带（腰部）宽 1cm　长 47cm　49cm　51cm

♥ 裁剪时请注意 No.27、No.28 面布的毛向

♥ 请根据个人喜好调整腰部松紧带的长度

♥ 上裆弯处造型请参照第 76 页实物大纸样

100cm（身高95~105cm）
110cm（身高105~115cm）
120cm（身高115~125cm）
只有一行数字的表示各规格通用

No.25、No.26 面布裁剪图　（裁剪图中含缝份尺寸）

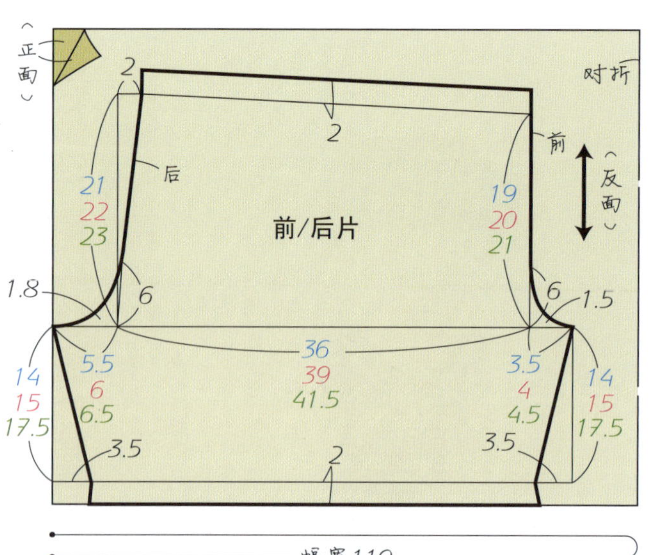

No.25、No.26 装饰布裁剪图

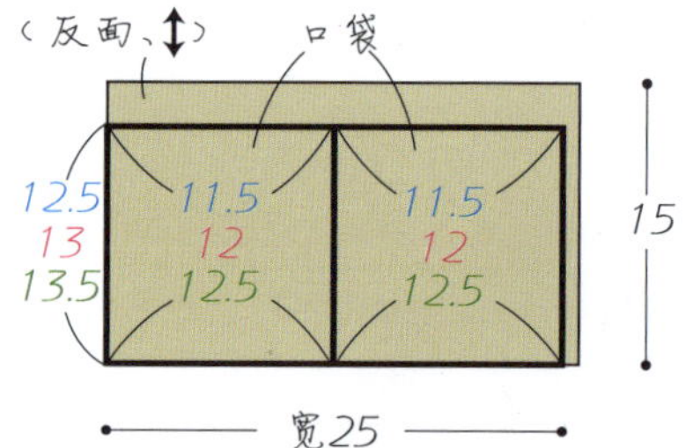

No.27、No.28 面布裁剪图　（裁剪图中含缝份尺寸）

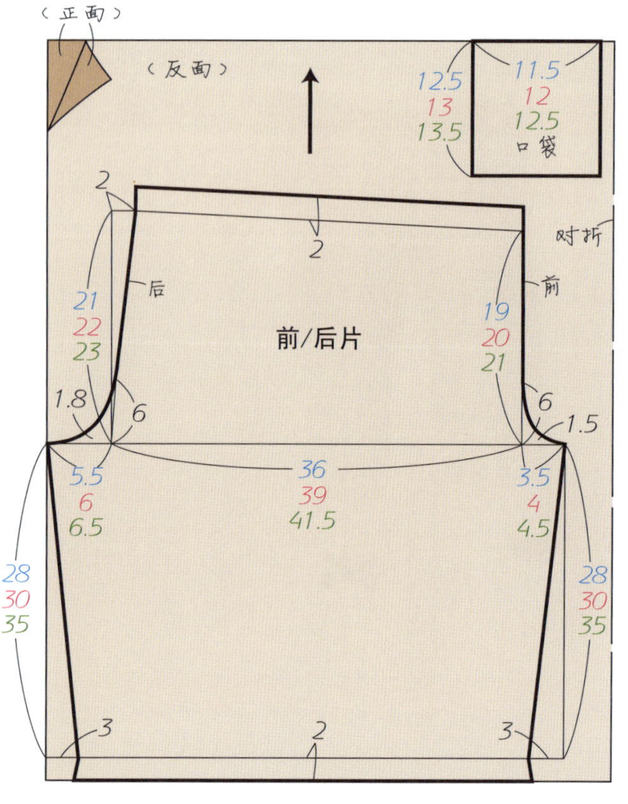

<No.27、No.28 完成图>　（请参照 No.25 的制作方法）

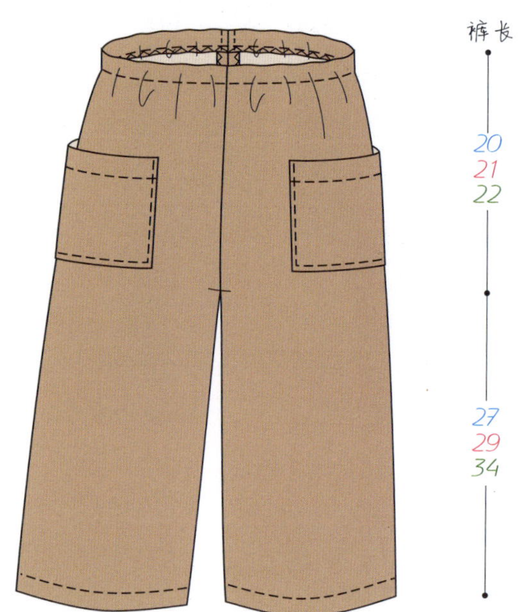

No.25 制作方法

1. 制作、缝缀口袋

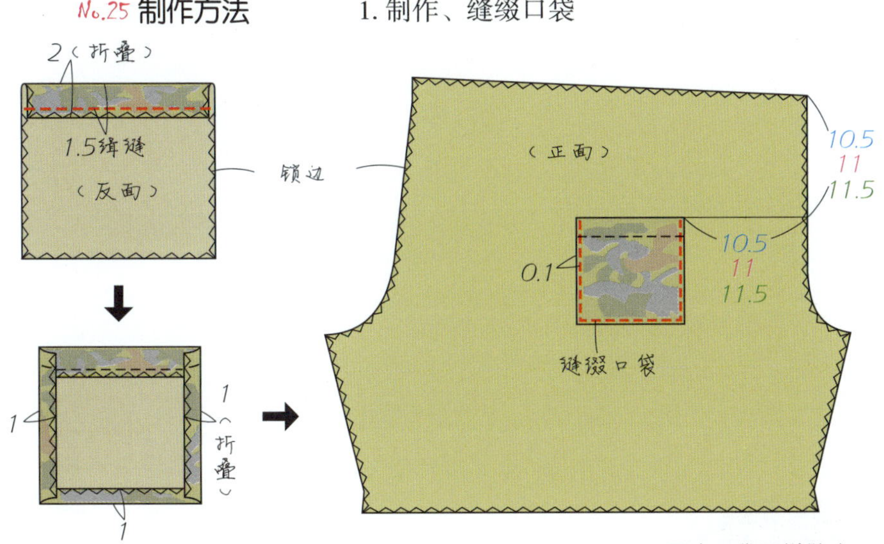

※ 两个口袋同样做法

2. 缝合下裆

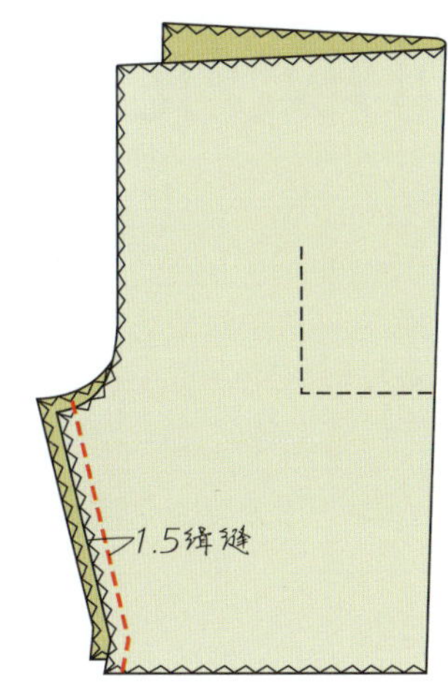

3. 缝合上裆

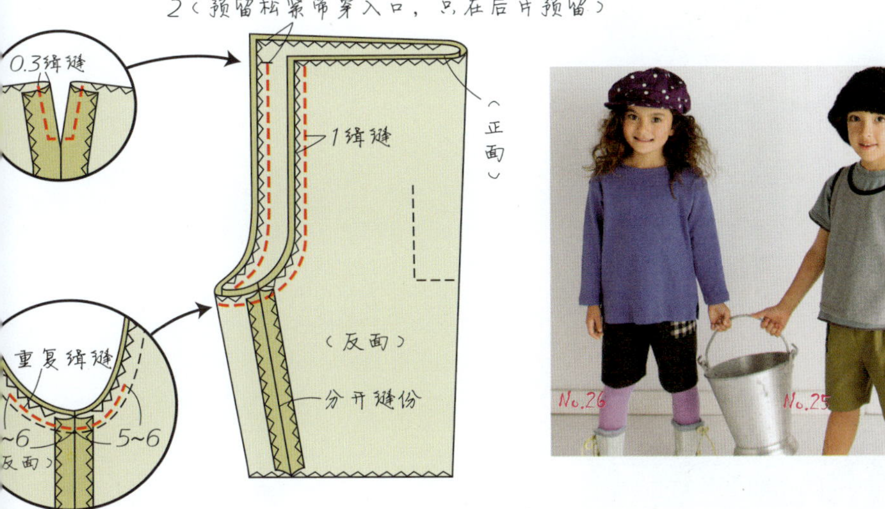

4. 缝制裤脚

5. 缝制腰口，穿入松紧带

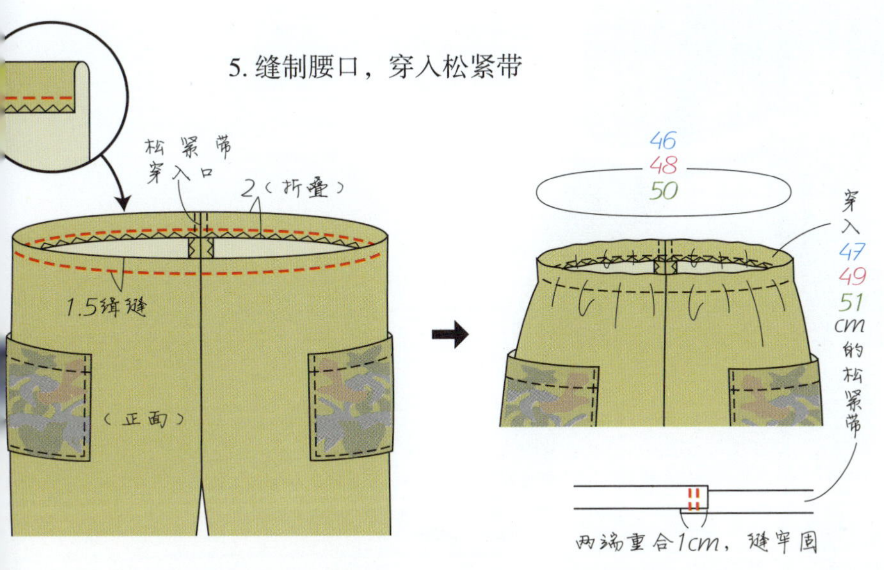

<No.25、No.26 完成图>

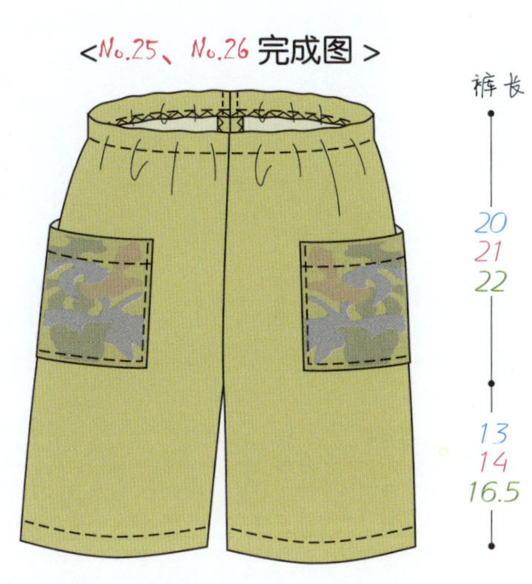

可爱的女裤

单块布料即可缝制的可爱短裤

裤脚微喇的设计魅力十足

斜纹粗布点缀蕾丝花边，打造可爱甜美之风

短裤规格110cm
模特身高115cm

No.29

见第69页

制作：古森克子

动感十足的灯笼短裤

与No.29使用相同纸样，裤脚口穿入松紧带

流露出活泼气息的魅力设计

短裤规格100cm
模特身高105cm

No.30

见第69页

制作：古森克子

可爱的女裤

时尚可爱女中裤

无侧缝的筒形中裤

裤脚镶缀荷叶边，尽显女孩的靓丽气息

中裤规格120cm
模特身高121cm

No.31

见第50页

制作：古森克子

No.32

见第51页

裤子规格110cm

宽松的休闲长裤
美丽的剪影中透露出休闲时光的惬意

款式虽与No.27、No.28相同，但用蒂罗尔绣带代替口袋装饰的设计别出心裁，展现可爱甜美之风

制作：古森克子

中裤

♥ 材料
面布（灯芯绒）幅宽 110cm　长 55cm　55cm　60cm
松紧带（腰部）宽 1cm　长 47cm　49cm　51cm
♥ 裁剪时请注意面布的毛向
♥ 请根据个人喜好调整腰部松紧带的长度
♥ 上裆弯处的造型请参照第 76 页实物大纸样

100cm（身高95~105cm）
110cm（身高105~115cm）
120cm（身高115~125cm）
只有一行数字的表示各规格通用

面布裁剪图

（裁剪图中含缝份尺寸）

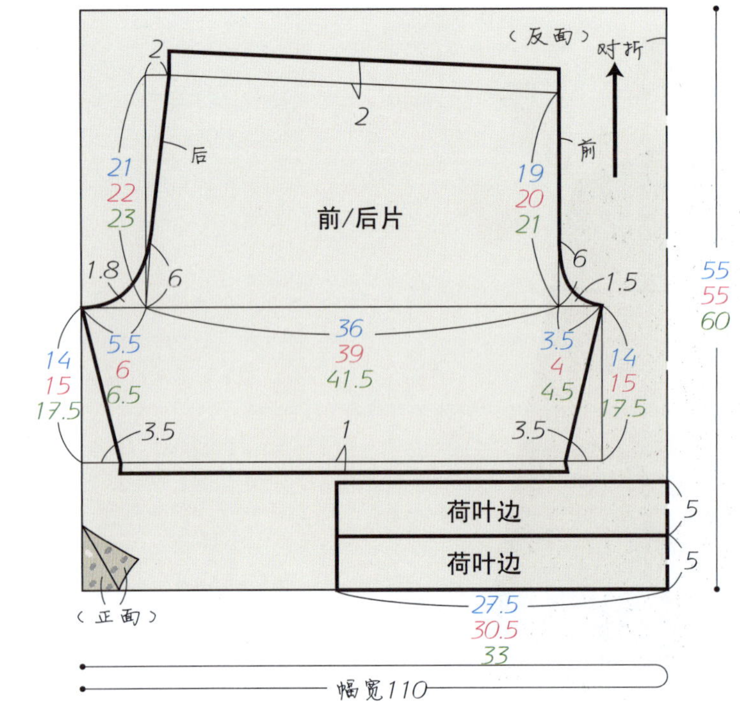

（反面）　对折　2　2　后　前　前/后片　21 22 23　19 20 21　1.8　6　6　1.5　36 39 41.5　5.5 6 6.5　3.5 4 4.5　14 15 17.5　14 15 17.5　3.5　1　3.5　55 55 60　荷叶边　5　荷叶边　5　（正面）　27.5 30.5 33　幅宽110

＜完成图＞

裤长　20 21 22　13 14 16.5　3

制作方法

1. 缝合下裆

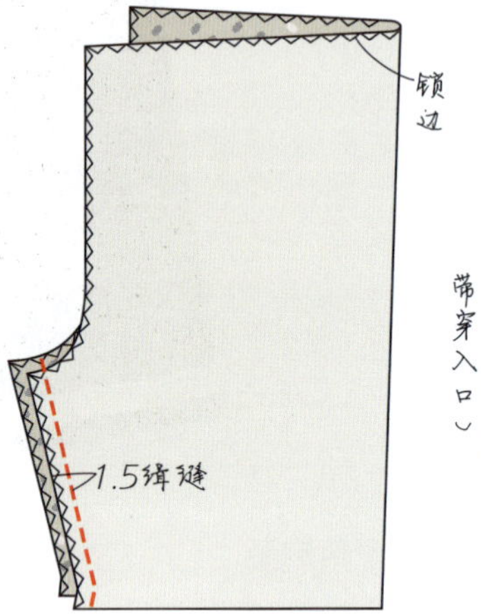

锁边　1.5缝缝

2. 缝合上裆

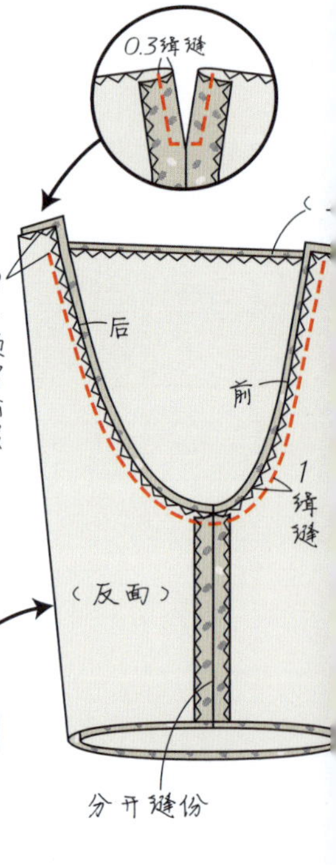

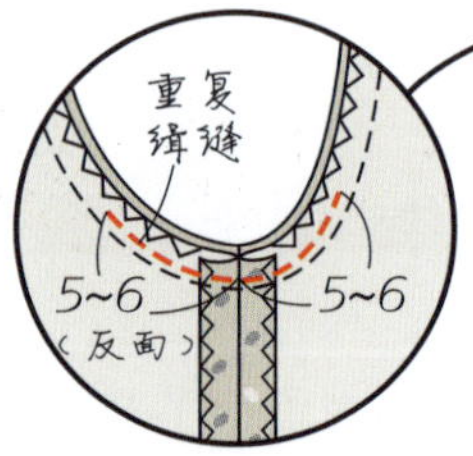

0.3缝缝　带穿入口）　2（预留松紧　后　前　1 缝缝　（反面）　重复缝缝　5~6　5~6　（反面）　分开缝份

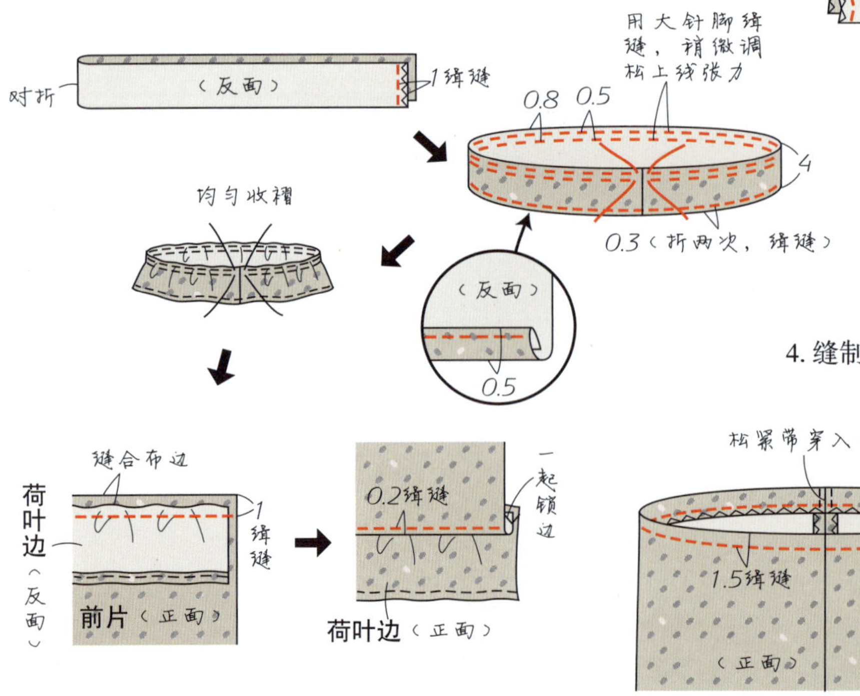

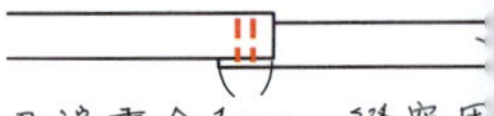

两端重合1cm，缝牢固

3. 制作并缝合荷叶边

对折　（反面）　1缝缝　用大针脚缝缝，稍微调松上线张力　0.8　0.5　4　0.3（折两次，缝缝）　均匀收褶　（反面）　0.5

缝合布边　荷叶边（反面）　1缝缝　前片（正面）　0.2缝缝　一起锁边　荷叶边（正面）

4. 缝制腰口，穿入松紧带

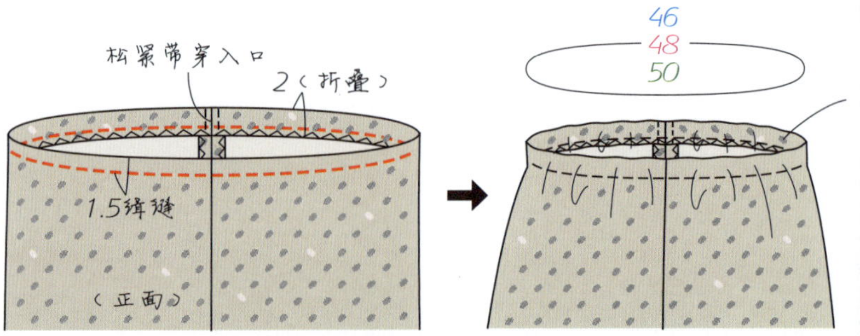

松紧带穿入口　2（折叠）　1.5缝缝　（正面）　46 48 50

第49页 No.32

过膝裤（七分裤）

♥ 材料
面布（灯芯绒）幅宽 106cm 长 60cm 60cm 70cm
镶边（裤脚）宽 1.9cm 长 78cm 86cm 93cm
松紧带（腰部）宽 1cm 长 47cm 49cm 51cm
♥ 裁剪时请注意面布的毛向
♥ 请根据个人喜好调整腰部松紧带的长度
♥ 上裆弯处的造型请参照第 76 页实物大纸样

100cm（身高95~105cm）
110cm（身高105~115cm）
120cm（身高115~125cm）
只有一行数字的表示各规格通用

面布裁剪图

（裁剪图中含缝份尺寸）

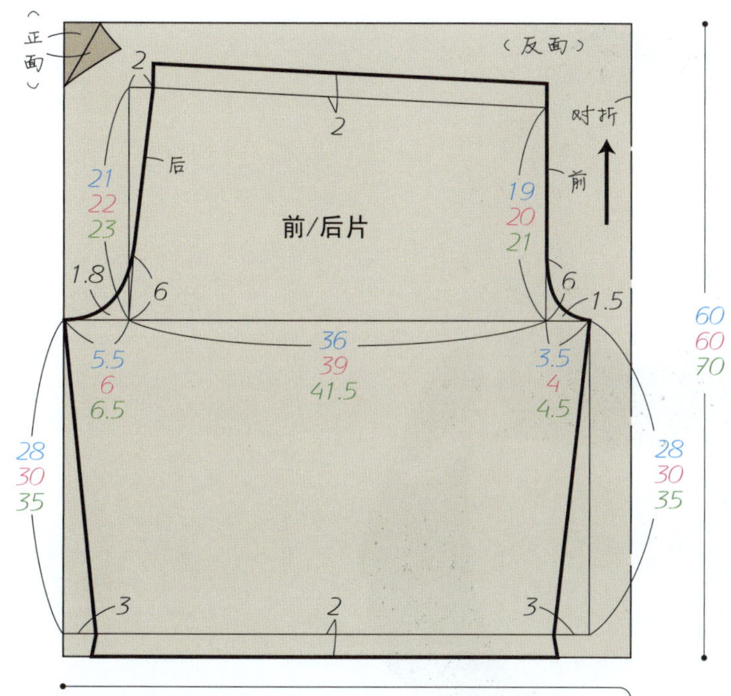

<完成图>

制作方法

1. 确定镶边位置
2. 缝合下裆

3. 缝合上裆

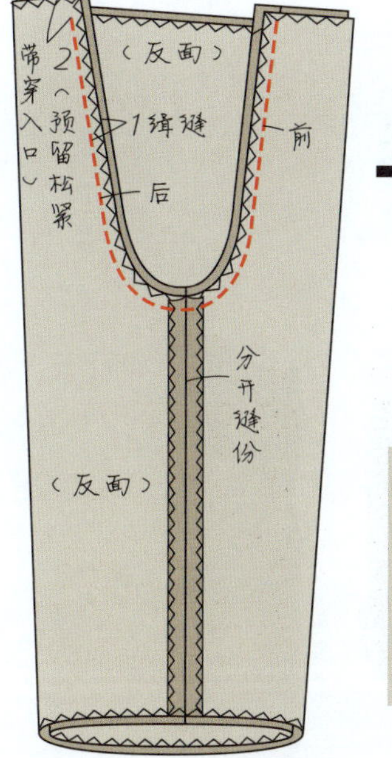

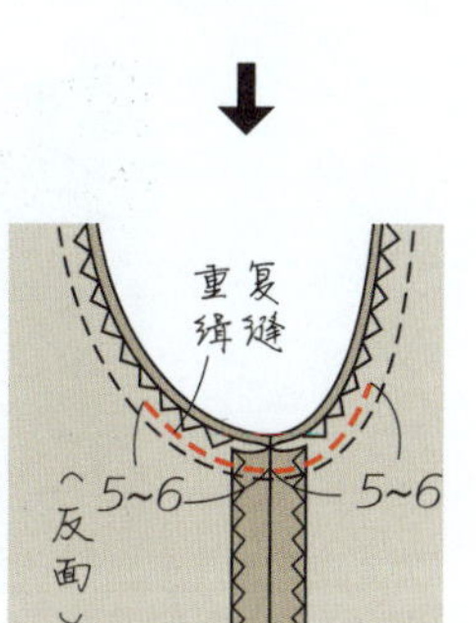

4. 缝制裤脚，缝缀镶边

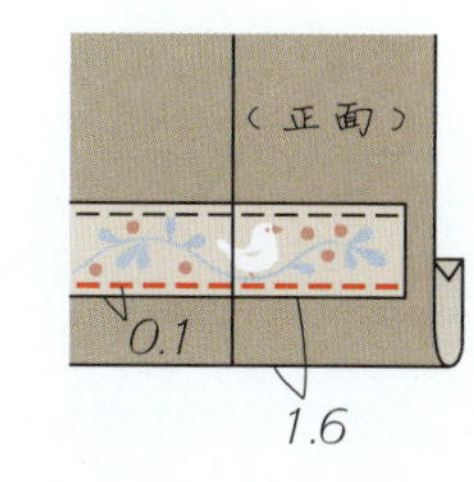

5. 缝制腰口，穿入松紧带

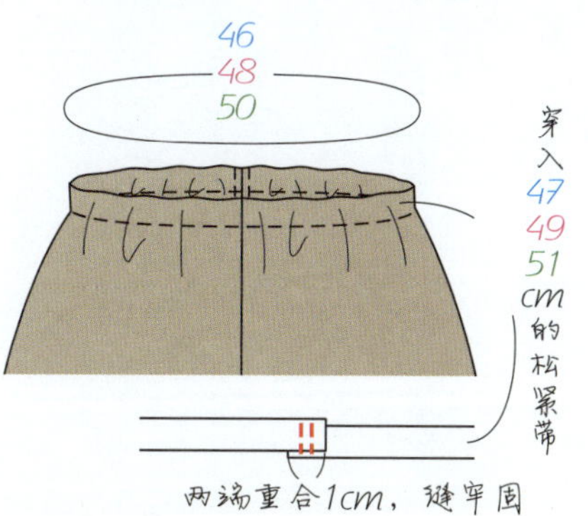

简约的吊带连衣裙

前后相同布料简单缝制的连衣裙

选择自己喜欢的印花布料精心设计，尽显甜美个性！

肩带穿过圆绳打结，精巧构思彰显可爱的风格

吊带连衣裙规格100cm

模特身高105cm

No.33

见第54页

制作：吉田彩子

点缀口袋的创意裙

裙身设计同No.33一致，但No.34前胸的口袋和No.35两侧的口袋是亮点哦！可爱的小口袋散发着活泼俏皮的气息

No.34

见第54页

吊带连衣裙规格110cm
模特身高115cm

No.35

见第54页

吊带连衣裙规格120cm
模特身高121cm

制作：吉田彩子

第52、53页 No.33~No.35

吊带连衣裙

♥ 材料（1件）

No.33 面布（棉布）幅宽112cm 长80cm

No.34 面布（棉布）幅宽112cm 长80cm 80cm 85cm

No.35 面布（粗斜纹布）幅宽110cm 长80cm 80cm 85cm

黏合衬（前襟里衬）宽35cm 长10cm

圆绳直径0.4cm 长10cm

♥ No.33、No.34 面布是单方向的，裁剪时请注意

100cm（身高95~105cm）
110cm（身高105~115cm）
120cm（身高115~125cm）
只有一行数字的表示各规格通用

No.33~No.35 面布裁剪图

（裁剪图中含缝份尺寸）

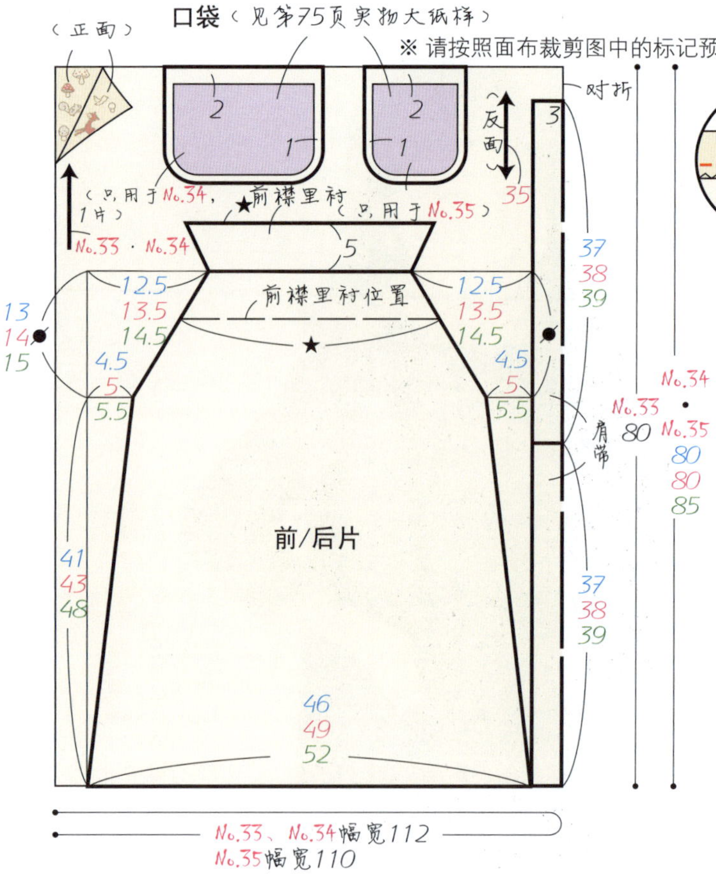

口袋（见第75页实物大纸样）

※ 请按照面布裁剪图中的标记预留缝份后再裁剪

No.34 制作方法

1. 制作、缝缀口袋（只用于No.34、No.35）
2. 缝制肩带

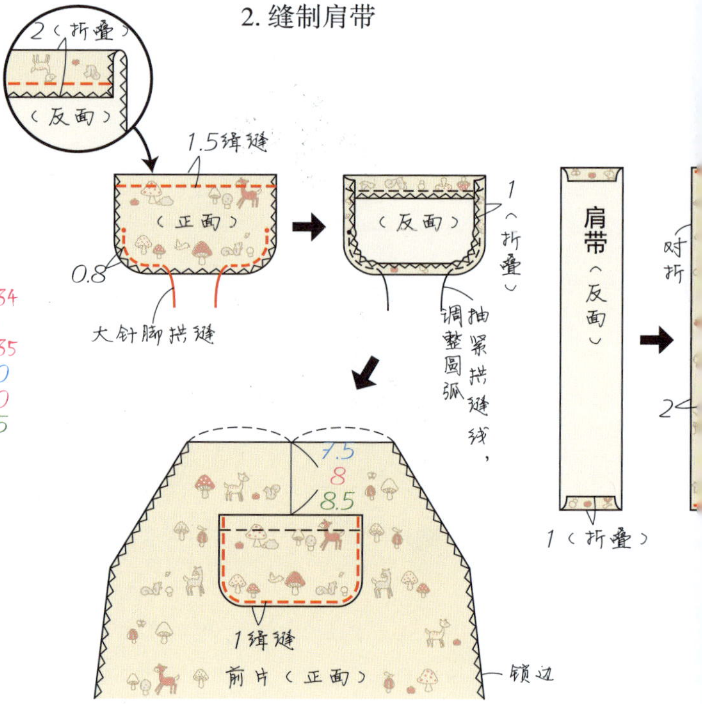

3. 敷前襟里衬，缝制袖窿

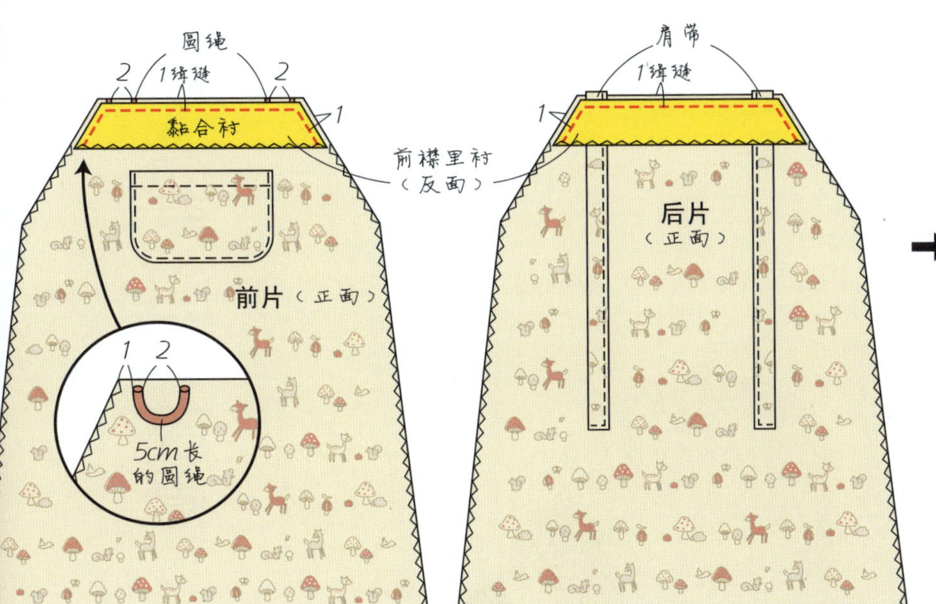

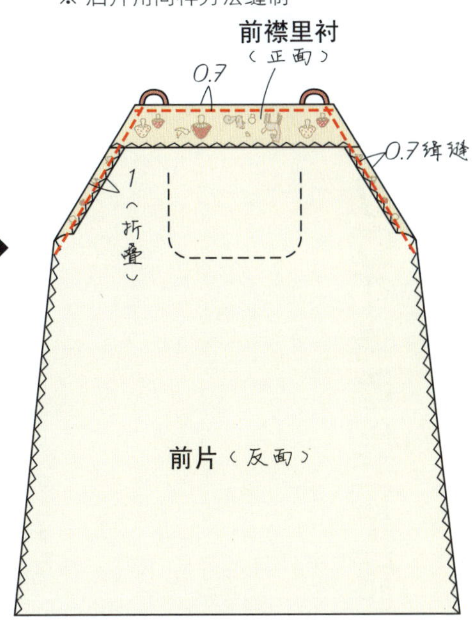

4. 缝合侧缝

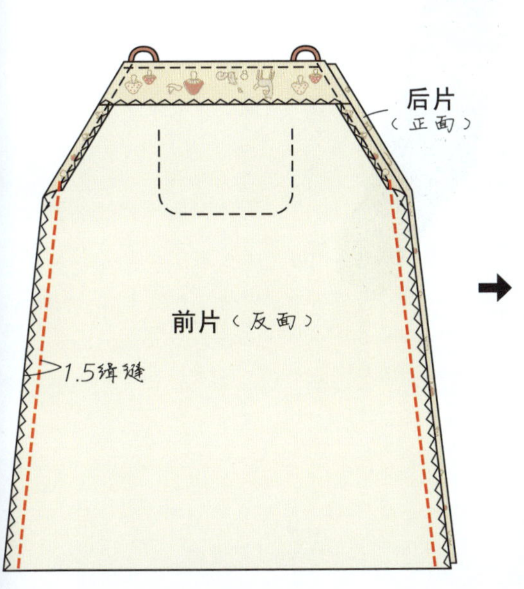

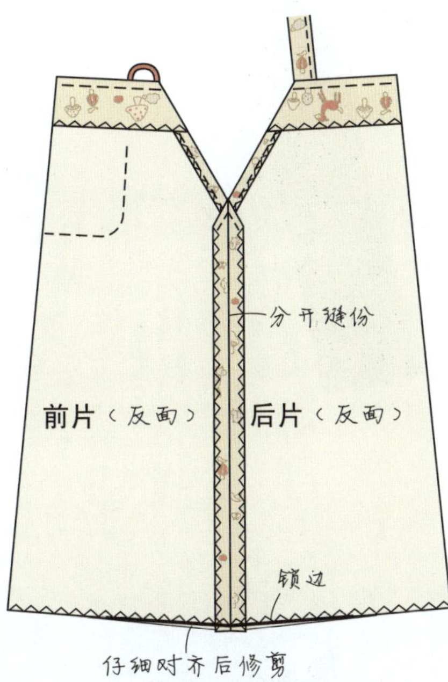

5. 缝制下摆

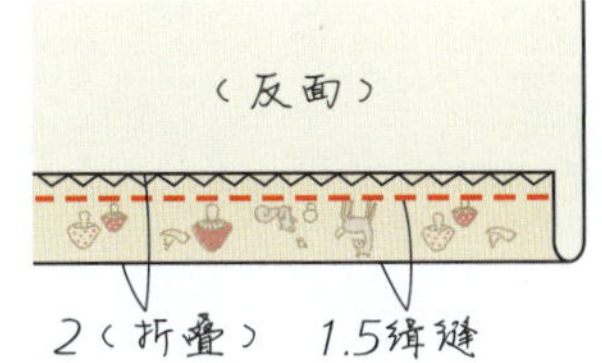

<No.34 完成图>

漂亮的连衣裙

面向初学者的无拉链无纽扣的清新小裙

前后身均可使用本书中的实物大纸样，裙摆可用长方形布料缝制，超简单、超具魅力！

No.36

见第57页

连衣裙规格110cm
模特身高115cm

制作：古森克子

连衣裙

♥材料

面布（方格平纹布）幅宽 112cm 长 80m 80cm 90cm

装饰布（机绣棉布）幅宽 110cm 长 30cm 35cm 35cm

贴边（领口・袖口）宽 1.2cm 长 150cm 160cm 165cm

松紧带（领口・袖口）宽 0.6cm 长 102cm 108cm 115cm

♥请根据个人喜好调整领口、袖口松紧带的长度

100cm（身高95~105cm）
110cm（身高105~115cm）
120cm（身高115~125cm）
只有一行数字的表示各规格通用

装饰布裁剪图

（请使用实物大纸样，并按照裁剪图中的标记，预留缝份后再裁剪）

（正面）
1.5
左右对称裁剪
对折
（反面）
0.5
0.5
前/后片
6.5
7
7.5
1.5
1缝份
30
35
35
实物大纸样见第74页
幅宽110

制作方法

1. 缝合前、后片肩线
2. 缝合侧缝

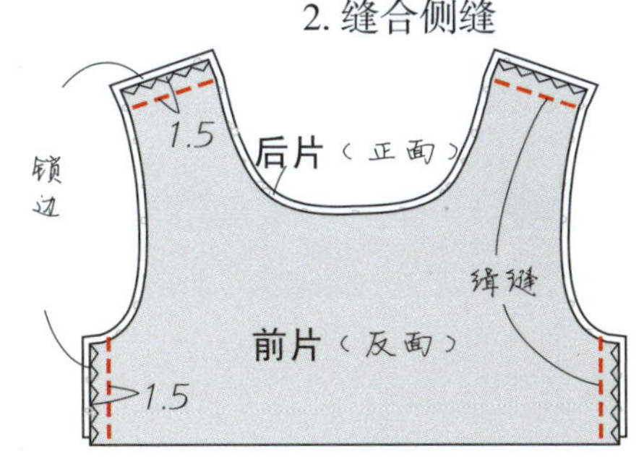

3. 在领口、袖窿缝制贴边

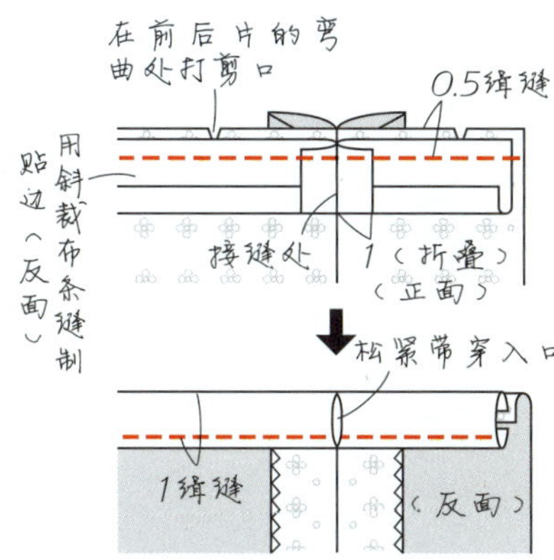

贴边
（正面）
松紧带穿入口（内侧）

面布裁剪图

（裁剪图中含缝份尺寸）

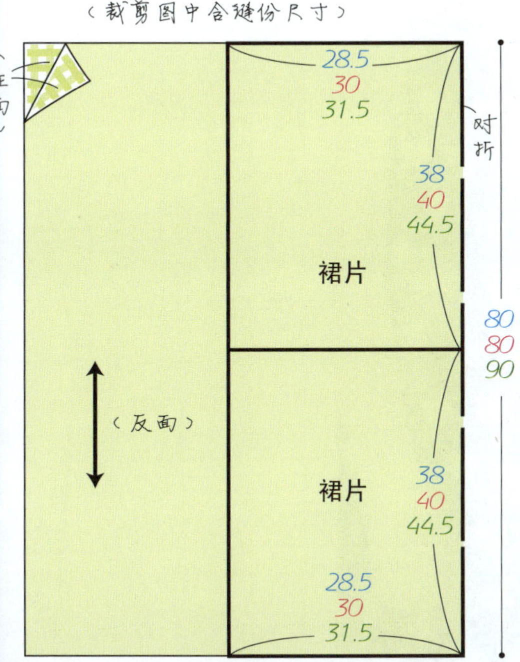

4. 缝制裙片并在腰口处拱缝抽褶

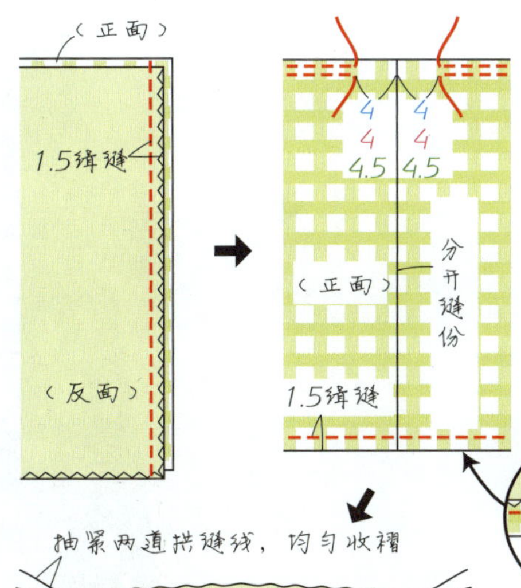

抽紧两道拱缝线，均匀收褶

5. 缝合前后片与裙片

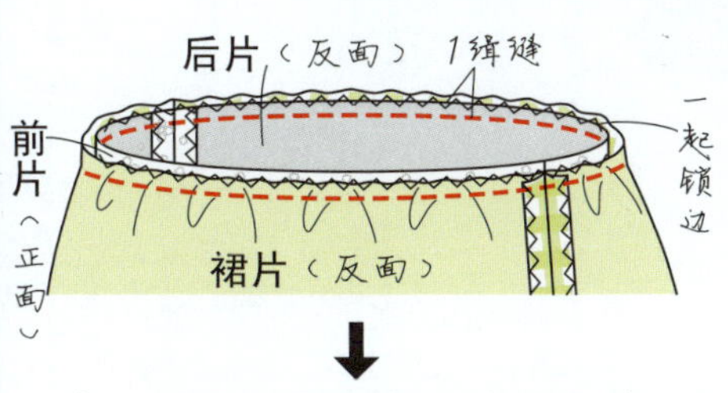

0.2缝缝
前片（正面）

6. 在领口、袖窿穿入松紧带

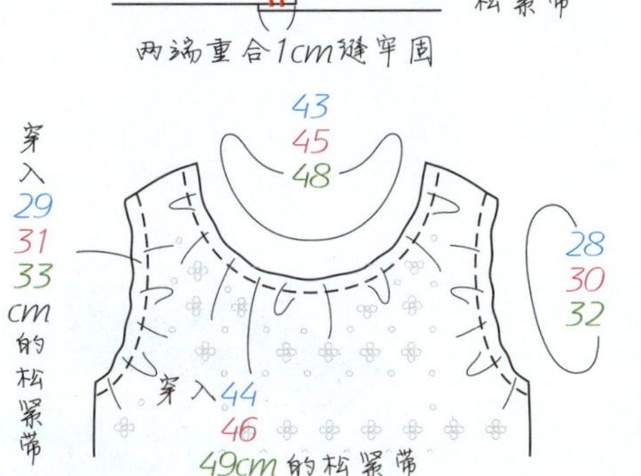

<完成图>

21
约22
23
35
37
41.5

领口和袖窿穿入松紧带，营造简约的流线美，
感受天真烂漫的少女风情

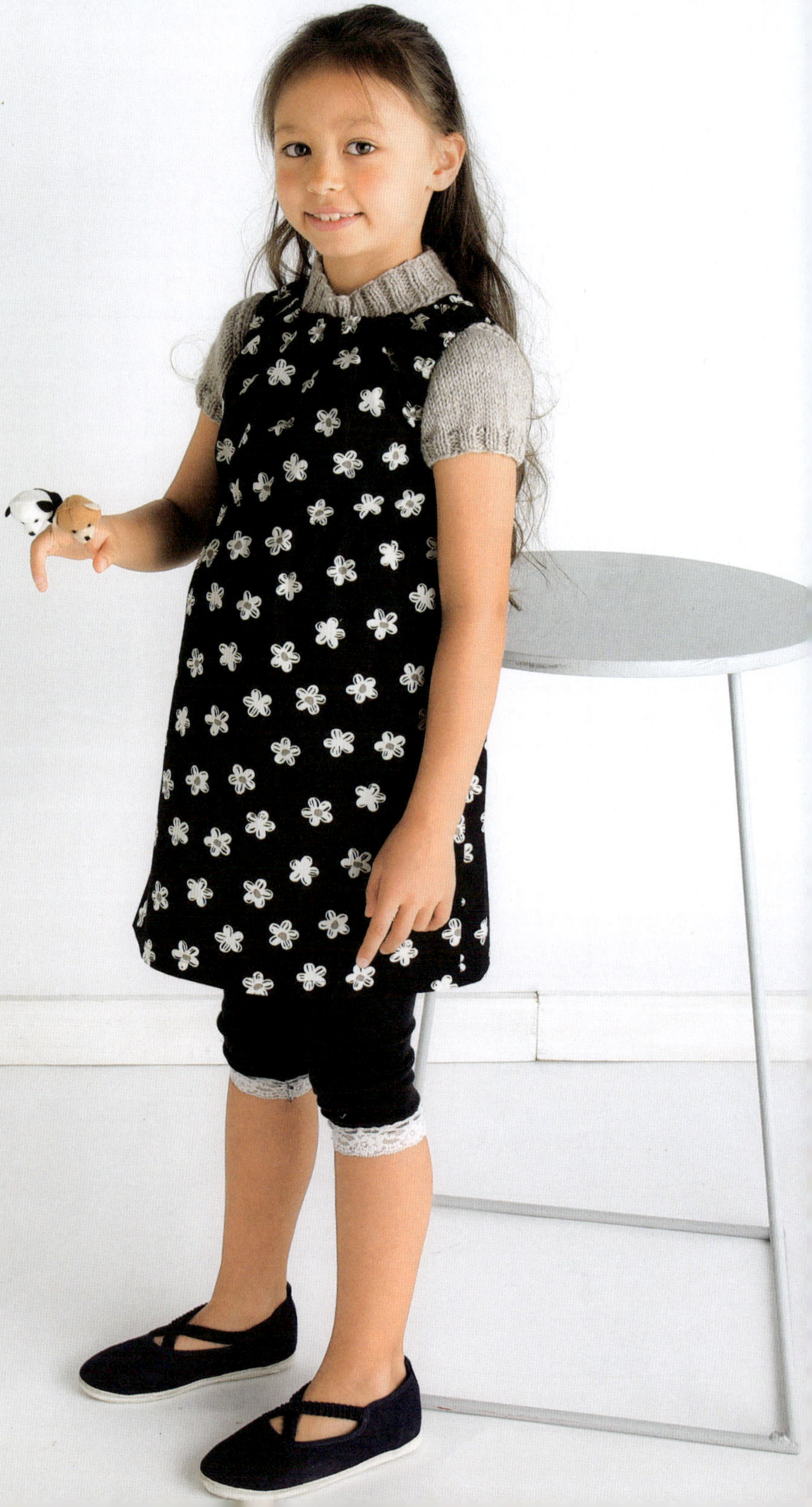

连衣裙规格120cm
模特身高121cm

No.37

见第70页

制作：古森克子

No.38

见第71页

裙衫规格100cm

剪短连衣裙打造的精品小裙衫

 与No.37连衣裙细节一致

 裁剪成小裙衫的长度让你领略简约素雅的气息

制作：古森克子

简约大方的连肩袖连衣裙

延长肩线，突出连肩袖款式的独特魅力！
领口和袖窿穿入松紧带，尽显精致之风

连衣裙规格120cm
模特身高121cm

No.39

见第72页

制作：古森克子

连衣裙规格100cm
模特身高105cm

No.40

见第72页

系带式创意连衣裙

与No.39同样风格
腰部点缀可爱的棉布镶边，
紧致收腰尽显亮丽俏皮的造型

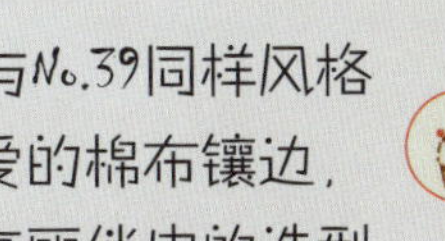

制作：古森克子

No.41

见第63页

裙衫规格110cm

温柔清新的连衣裙
变身简约可爱的小裙衫

将No.39、No.40的连衣裙剪短

瞬间成为抽褶的甜美风韵小·裙衫

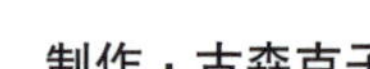

制作：古森克子

第62页 No.41

裙衫

♥ 材料

面布（棉布）幅宽 110cm 长 45cm 50cm 50cm

贴边（领口）宽 1.2cm 长 68cm 72cm 74cm

松紧带（领口・袖口）宽 0.6cm 长 92cm 98cm 105cm

棉质蕾丝花边（下摆）宽 2.2cm 长 82cm 86cm 90cm

♥ 请根据个人喜好调整领口和袖口松紧带的长度

100cm（身高95~105cm）
110cm（身高105~115cm）
120cm（身高115~125cm）
只有一行数字的表示各规格通用

面布裁剪图

（裁剪图中含缝份尺寸）

（正面） （反面） 对折 1.5 7 8 9 0.5 左右对称裁剪 袖子 延长线 （实物大纸样见第74页） 1.5（缝份） 缝止点 前/后片 22 24 26 20 21 22 0.5 45 50 50 幅宽110

6. 在领口穿入松紧带（制作方法请参照第 73 页）

制作方法

1. 缝合前、后片的肩线

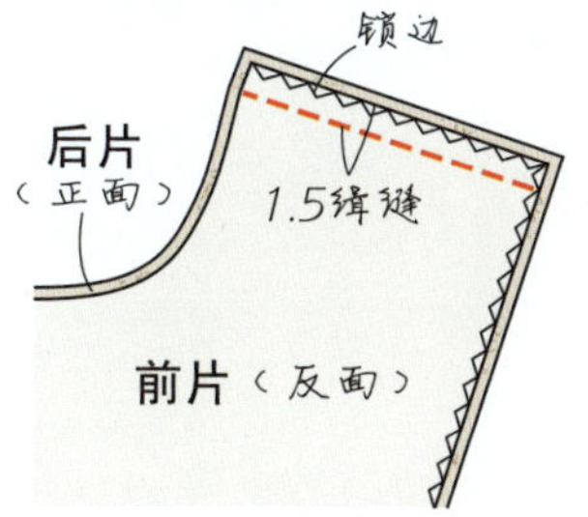

2. 在领口处缝制贴边

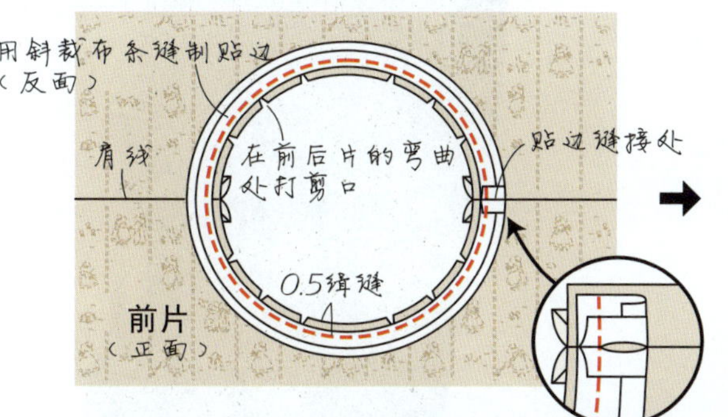

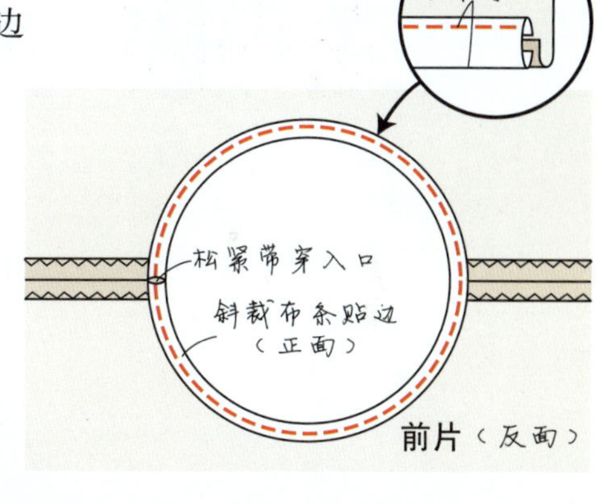

3. 缝合侧缝

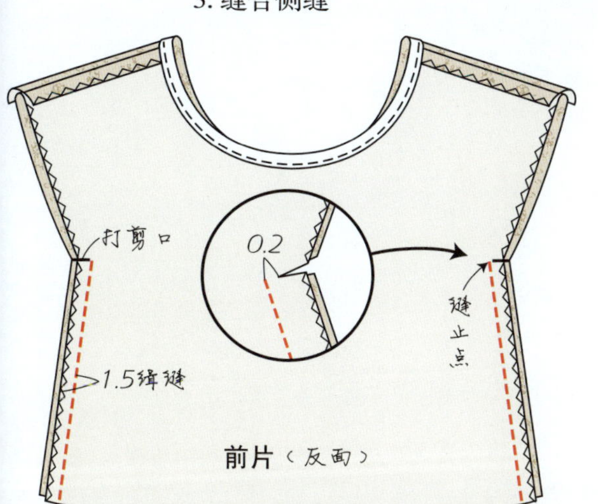

4. 缝制袖口，并穿入松紧带

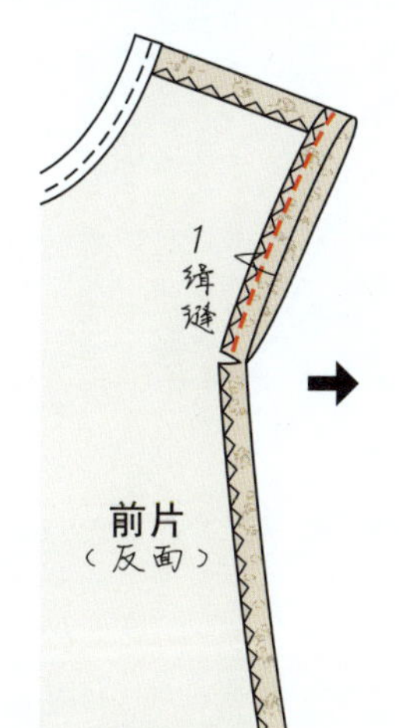

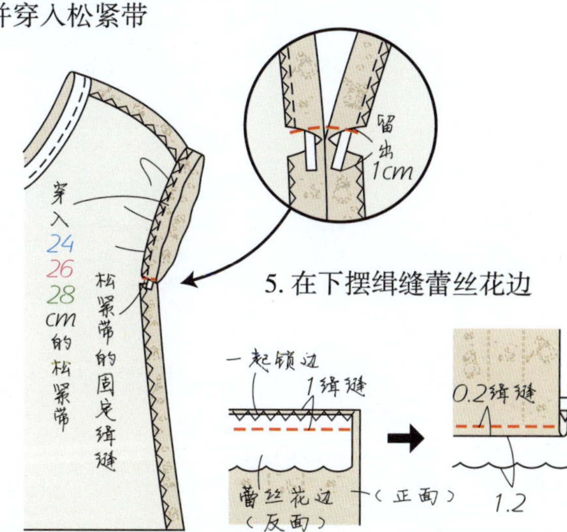

5. 在下摆缉缝蕾丝花边

漂亮的连衣裙

前肩用可爱的缎带收紧点缀，显得格外精致

长方形布料打造的精巧连衣裙

连衣裙规格110cm
模特身高115cm

No.42

见第65页

制作：吉田彩子

第64页 No.42

连衣裙

♥ 材料

面布（混纺）幅宽 102cm　长 80cm　**85cm**　95cm

细缎带 宽 1cm　长 94cm　**96cm**　98cm

松紧带 宽 1cm　长 52cm　**56cm**　60cm

♥ 请根据个人喜好调节松紧带的长度

100cm（身高95~105cm）
110cm（身高105~115cm）
120cm（身高115~125cm）
只有一行数字的表示各规格通用

面布裁剪图

（裁剪图中含缝份尺寸）

制作方法

1. 缝制肩带，缝合缎带

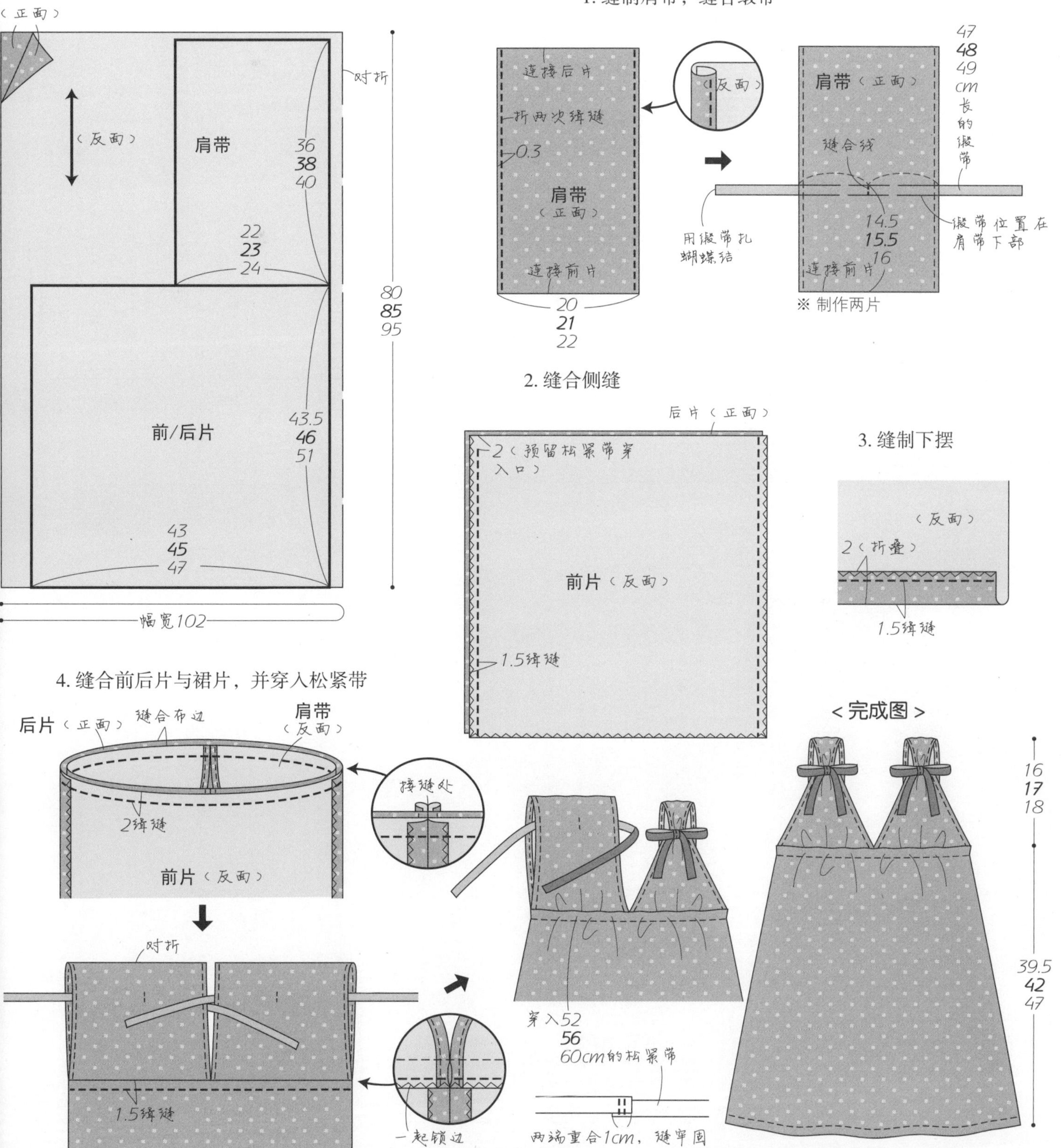

第11页 No.6·No.7

吊带衫

♥ 材料（1件）
No.6 面布（灯芯绒）幅宽 108cm 长 35cm **40cm** 40cm
No.7 面布（棉布）幅宽 112cm 长 45cm **50cm** 50cm
No.6 绒球花边宽 2.8cm 长 78cm **82cm** 86cm
No.6 圆绳直径 0.4cm 长 172cm **176cm** 180cm
No.6 绳扣 4 个
♥ 裁剪时请注意 No.6 面布的毛向

100cm（身高95~105cm）
110cm（身高105~115cm）
120cm（身高115~125cm）
只有一行数字的表示各规格通用

No.6·No.7 面布裁剪图
（裁剪图中含缝份尺寸）

No.7 制作方法
1. 缝制袖窿和上围

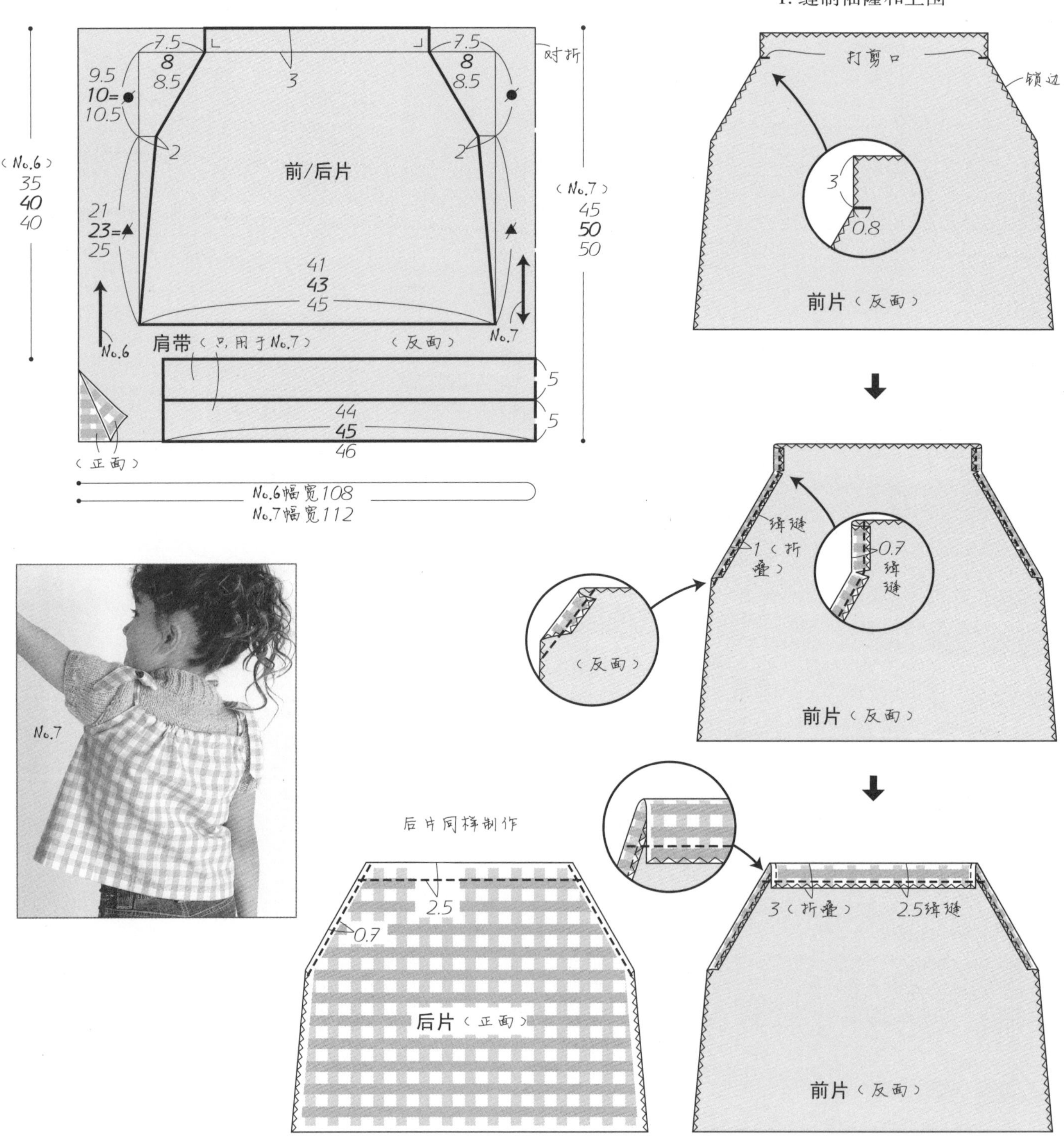

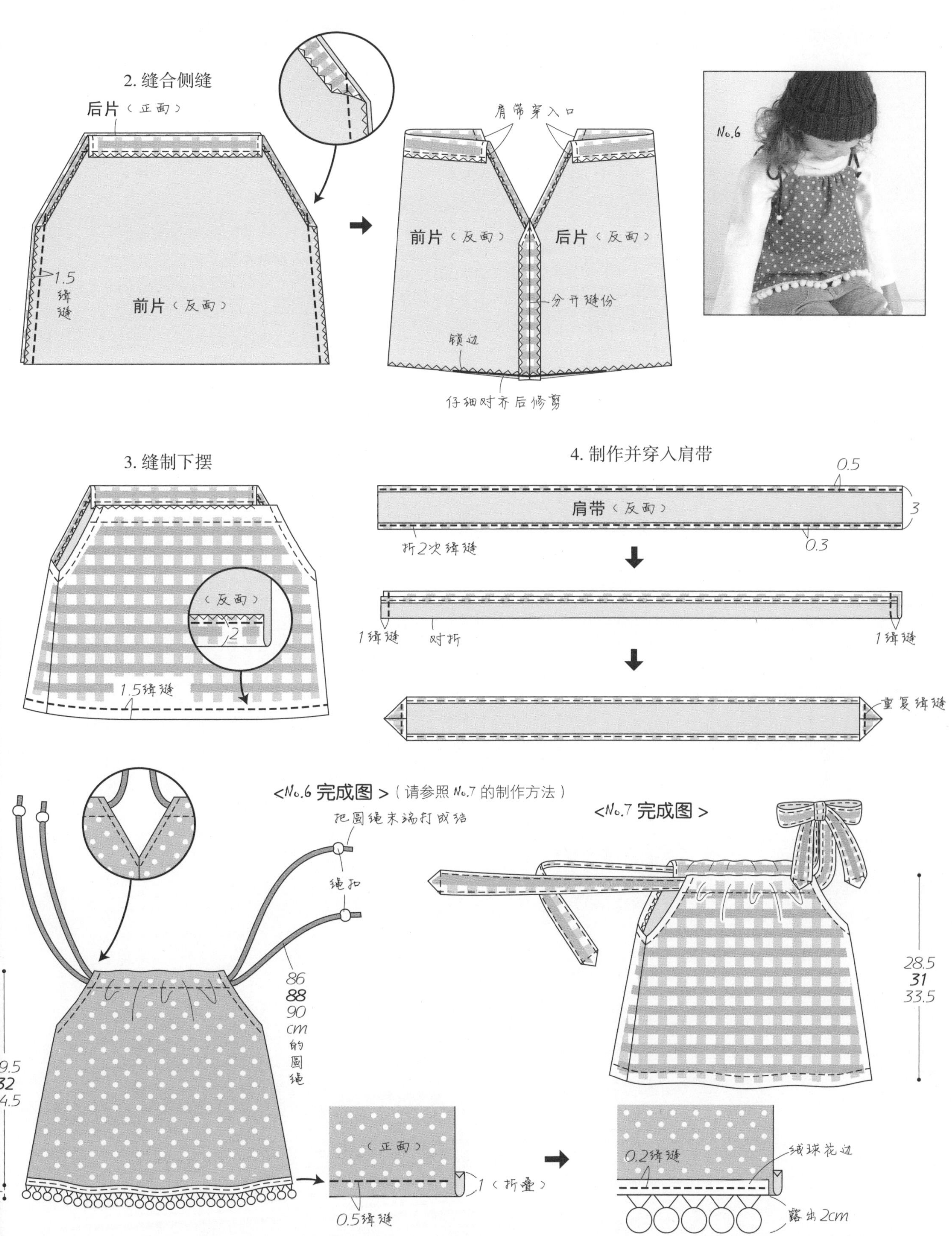
2. 缝合侧缝
后片（正面）
1.5
缉缝
前片（反面）
肩带穿入口
前片（反面）
后片（反面）
分开缝份
锁边
仔细对齐后修剪
No.6
3. 缝制下摆
（反面）
2
1.5缉缝
4. 制作并穿入肩带
0.5
肩带（反面）
3
折2次缉缝
0.3
1缉缝
对折
1缉缝
重复缉缝
<No.6 完成图 >（请参照 No.7 的制作方法）
把圆绳末端打成结
绳扣
86
88
90
cm
的
圆
绳
29.5
32
34.5
（正面）
1（折叠）
0.5缉缝
<No.7 完成图 >
28.5
31
33.5
0.2缉缝
绒球花边
露出2cm

第32、33页

No.19·No.20

塔裙

♥**材料**（1件）

No.19 面布（蓝色方格平纹布）幅宽 92cm　长 65cm　**65cm**　75cm

No.20 面布（橙色方格平纹布）幅宽 92cm　长 50cm　**50cm**　60cm

No.20 装饰布（花绒布）幅宽 92cm　长 15cm

松紧带（腰部）宽 1cm　长 47cm　**49cm**　51cm

No.19 蕾丝花边宽 1.6cm　长 112cm　**122cm**　132cm

♥请根据个人喜好调整腰部松紧带的长度

100cm（身高95~105cm）
110cm（身高105~115cm）
120cm（身高115~125cm）
只有一行数字的表示各规格通用

No.19 面布裁剪图

（裁剪图中含缝份尺寸）

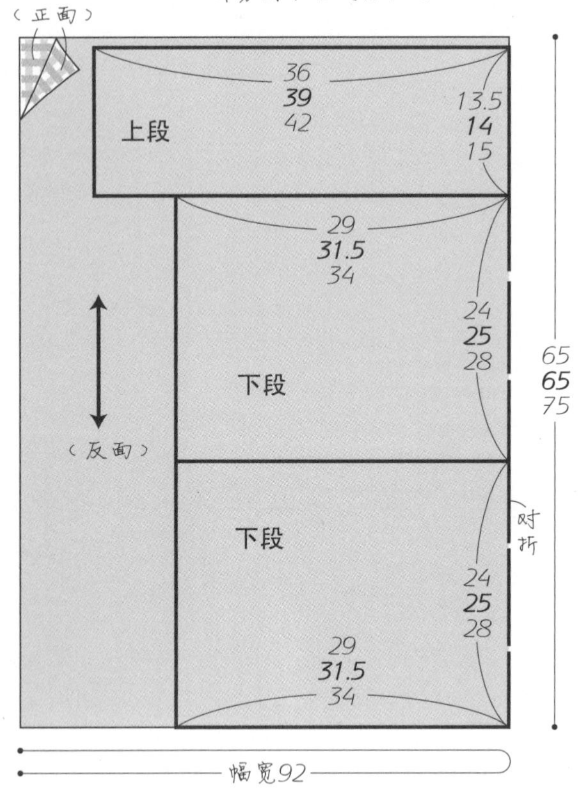

No.20 装饰布裁剪图

（裁剪图中含缝份尺寸）

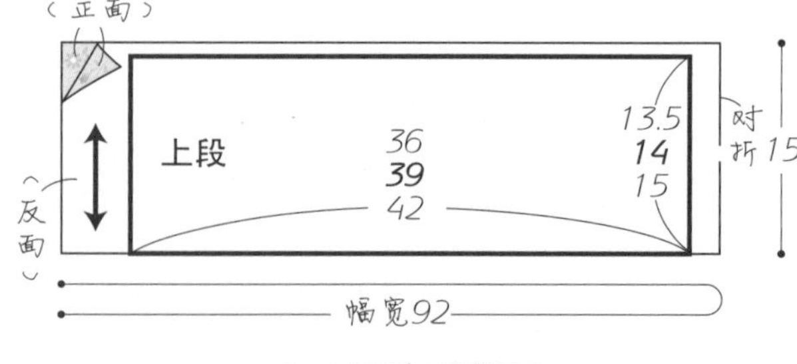

No.20 面布裁剪图

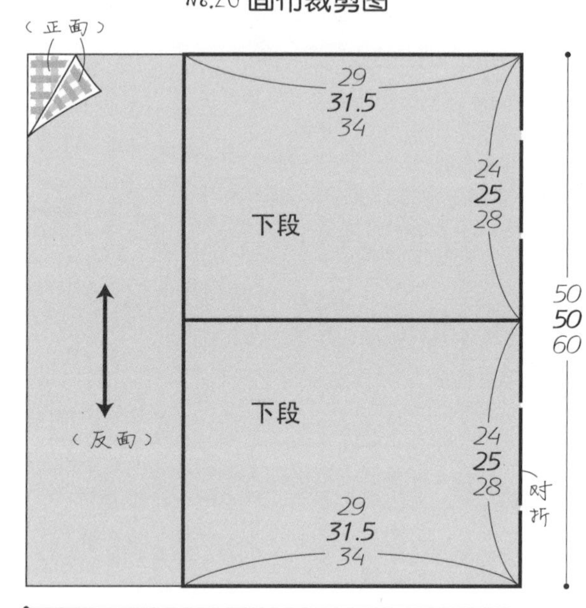

花边缝制方法

<No.19 完成图>

（制作方法请参照第 31 页）

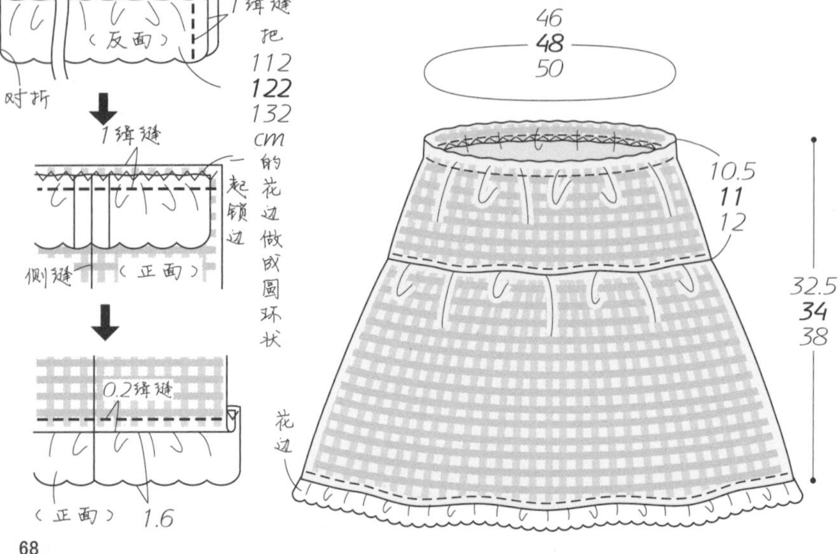

<No.20 完成图>

（制作方法请参照第 31 页）

第46、47页

No.29 · No.30

短裤 & 灯笼短裤

♥ 材料（1件）

面布（棉布）幅宽 110cm 长 35cm **40cm** 40cm

松紧带（腰部）宽 1cm 长 47cm **49cm** 51cm

松紧带（下摆，只用于 No.30）宽 0.6cm 长 62cm **66cm** 72cm

熨烫黏合贴边（裤脚，只用于 No.29）宽 1.7cm 长 86cm **94cm** 101cm

♥ 请根据个人喜好调整腰部松紧带长度

100cm（身高95~105cm）
110cm（身高105~115cm）
120cm（身高115~125cm）
只有一行数字的表示各规格通用

No.29、No.30 面布裁剪图

（裁剪图中含缝份尺寸）

（正面） （反面） 对折 2 2 后 前 前/后片 21 **22** 23 19 **20** 21 35 **40** 40 1.8 6 6 1.5 9.5 **10** 11 5.5 **6** 6.5 36 **39** 41.5 3.5 **4** 4.5 9.5 **10** 11 幅宽110

No.29 制作方法

步骤 1~4 的制作方法请参照 No.30

5. 粘贴熨烫黏合贴边（请参照第 27 页）

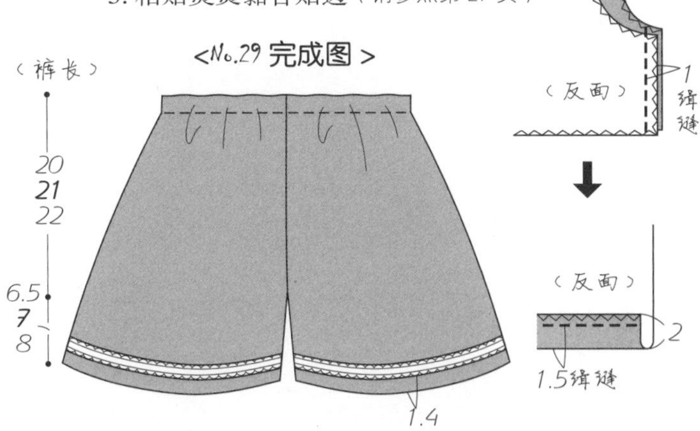

No.30 制作方法

1. 缝合下裆

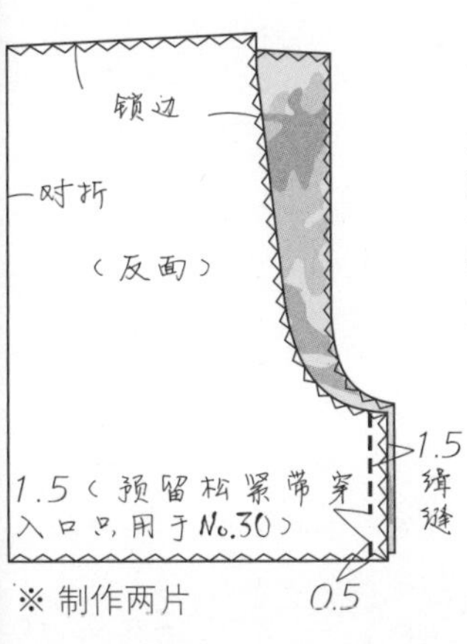

※ 制作两片

2. 缝合上裆

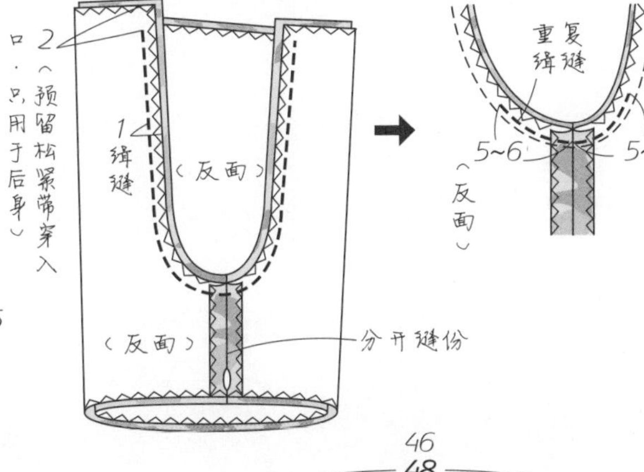

3. 缝制裤脚

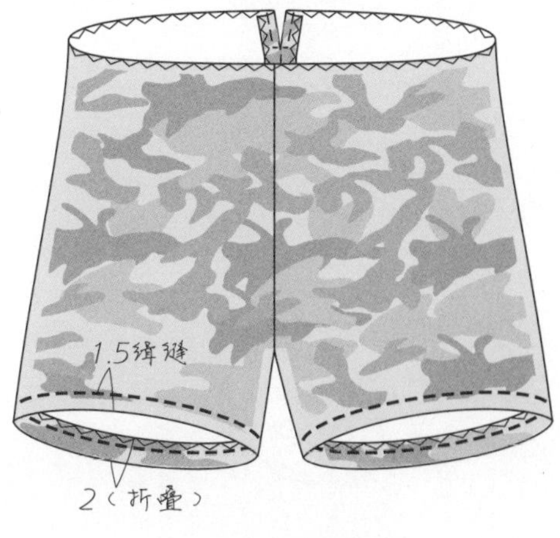

4. 缝制腰口，穿入松紧带

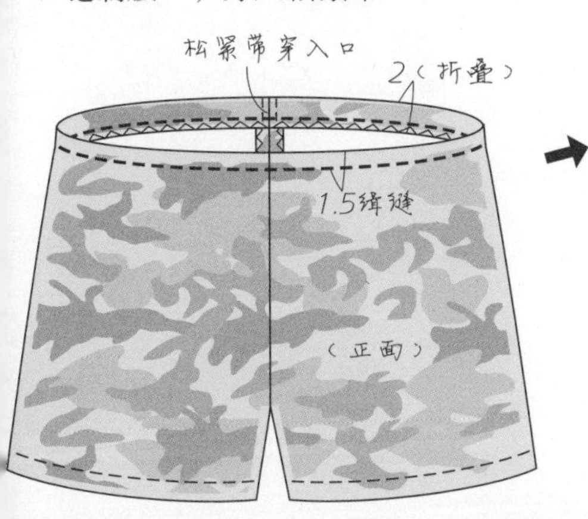

46
48
50

穿入47 **49** 51cm的松紧带，两端重合1cm，缝牢固（请参照下图）

5. 裤脚处穿入松紧带

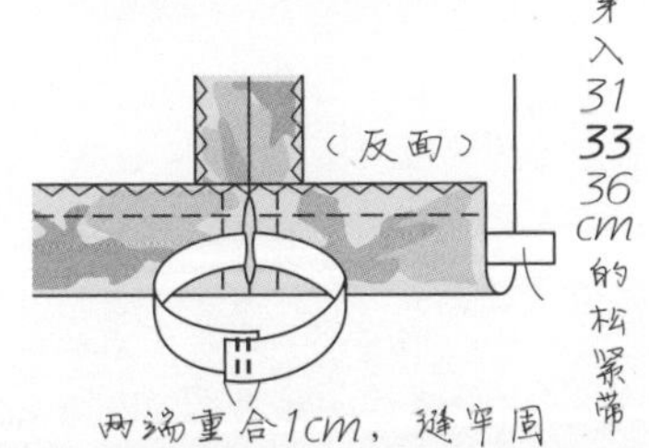

第58页 No.37

连衣裙

♥ **材料**

面布（印花）幅宽 112cm　长 65cm　**70cm**　80cm

贴边（领口・袖口）宽 1.2cm　长 150cm　**160cm**　165cm

松紧带（领口・袖口・腰部）宽 0.6cm　长 158cm　**168cm**　179cm

♥ 请根据个人喜好调节松紧带的长度

100cm（身高95~105cm）
110cm（身高105~115cm）
120cm（身高115~125cm）
只有一行数字的表示各规格通用

面布裁剪图

（请使用实物大纸样，按照面布裁剪图中的标记预留缝份后再裁剪）

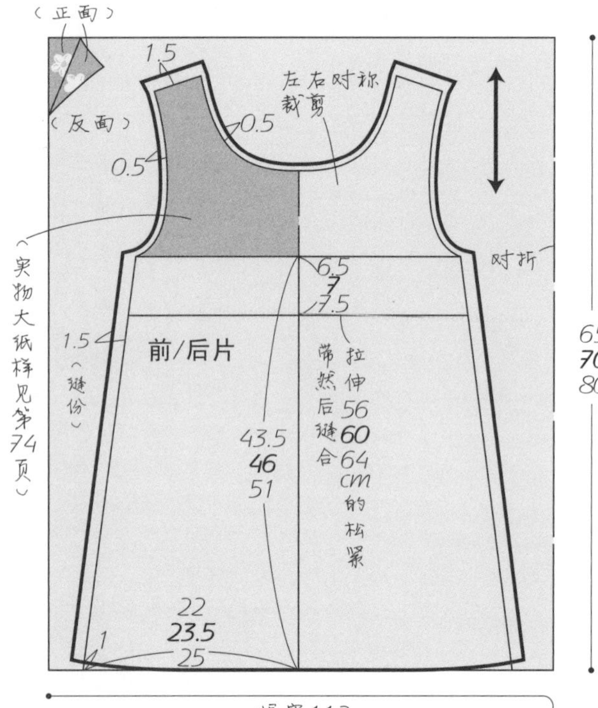

<完成图>

6. 在腰部缝上松紧带

制作方法

1. 缝合前、后片的肩线
2. 缝合侧缝

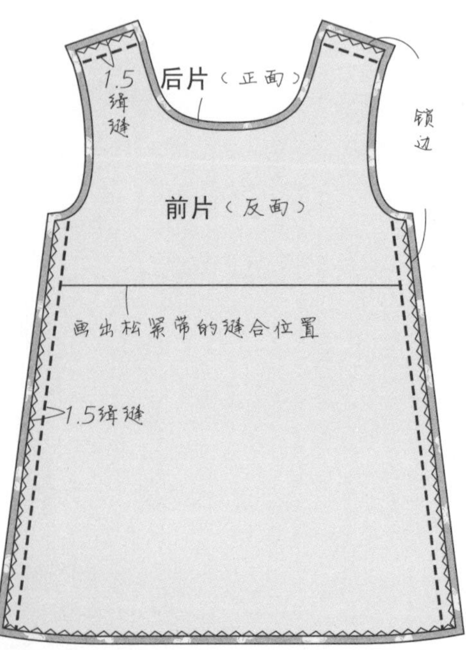

3. 缝制下摆

4. 在领口、袖口处缝制贴边

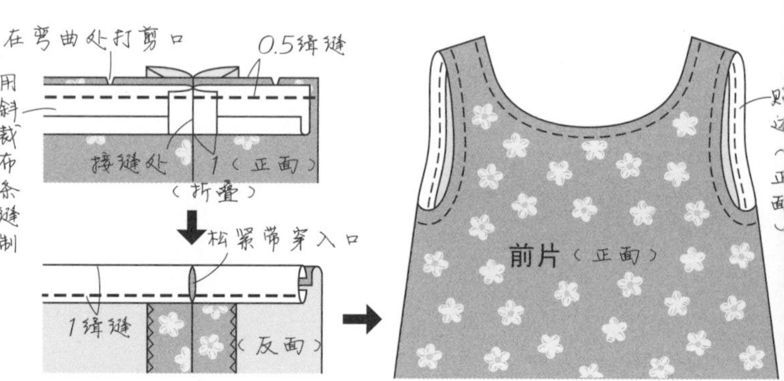

5. 在领口、袖口处穿入松紧带

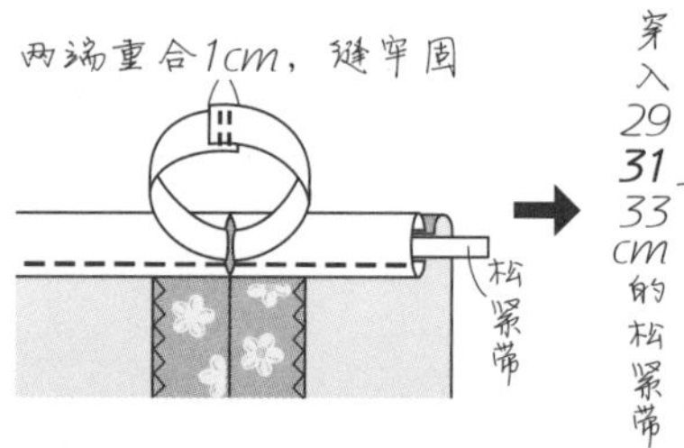

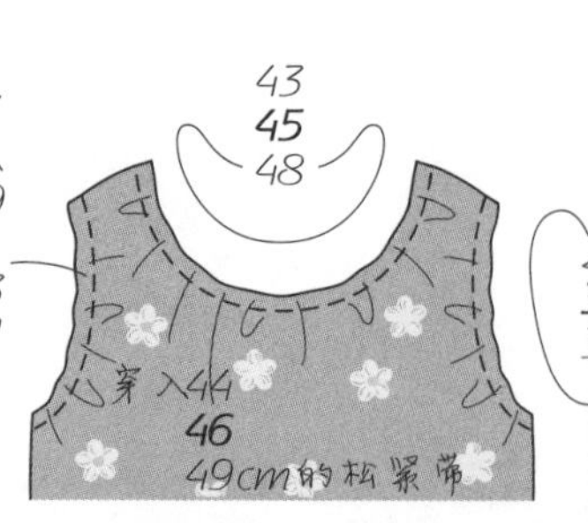

第59页 No.38

裙衫

♥ 材料

面布（灯芯绒）幅宽108cm　长50cm　**50cm**　55cm

贴边（领口・袖口）宽1.2cm　长150cm　**160cm**　165cm

松紧带（领口・袖口）宽0.6cm　长102cm　**108cm**　115cm

♥ 裁剪时请注意面布的毛向

♥ 请根据个人喜好调整松紧带的长度

100cm（身高95~105cm）

110cm（身高105~115cm）

120cm（身高115~125cm）

只有一行数字的表示各规格通用

面布裁剪图

（请使用实物大纸样，按照面布裁剪图中的标记预留缝份后再裁剪）

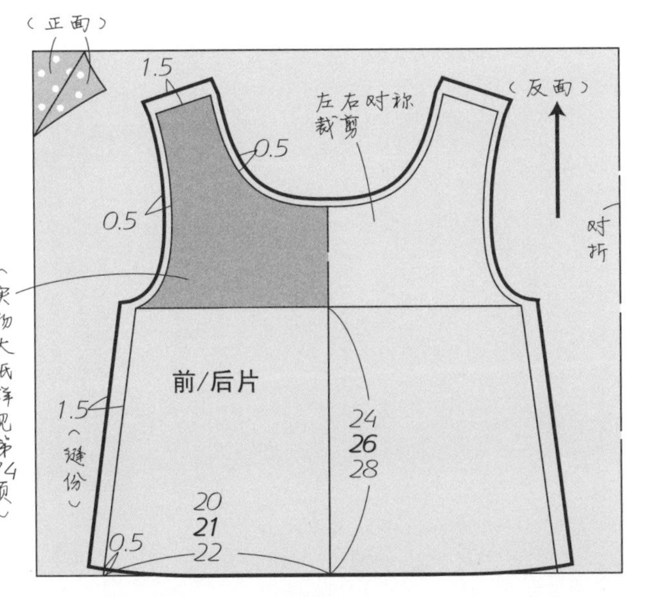

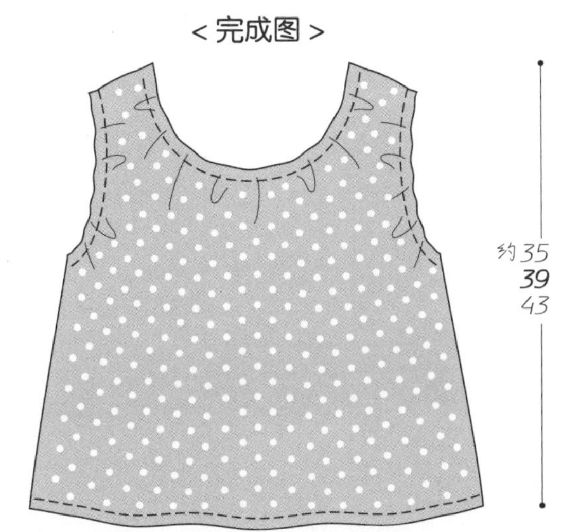

制作方法

1. 缝合前、后片肩线
2. 缝合侧缝

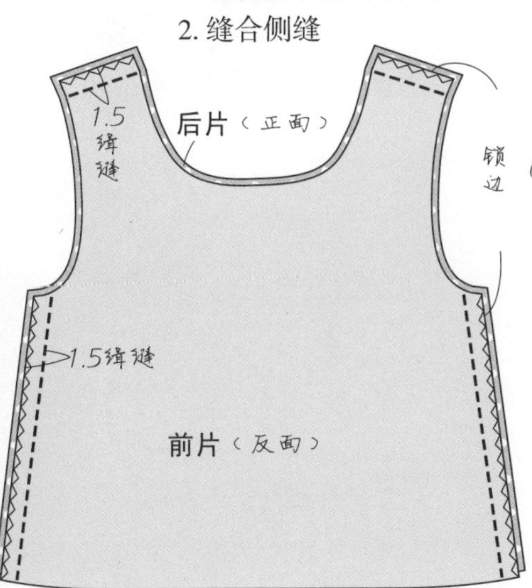

3. 在领口、袖口处缝制贴边

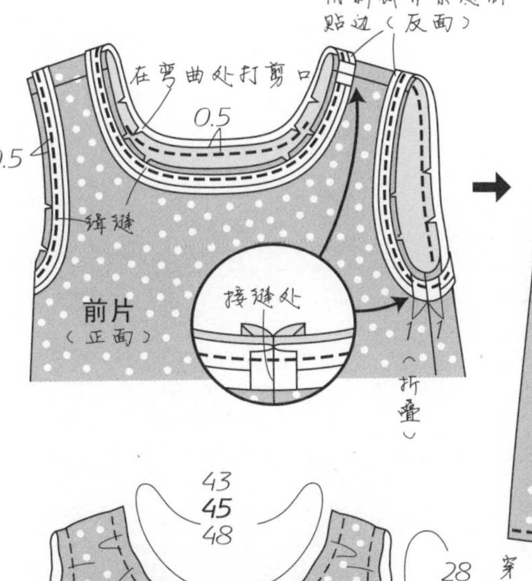

4. 缝制下摆

5. 在领口、袖口穿入松紧带

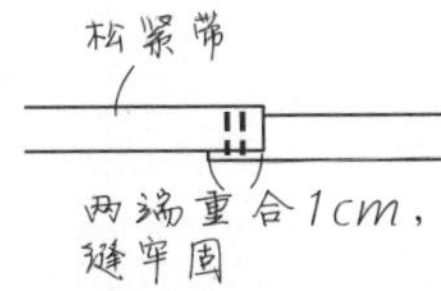

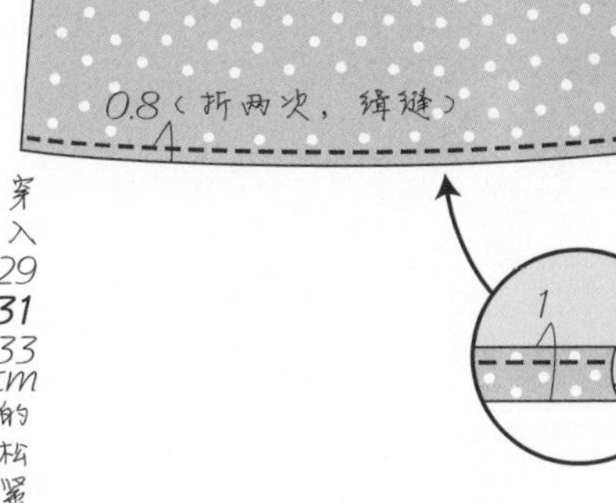

第60、61页

No.39·No.40

连衣裙

♥ **材料**（1件）

No.39 面布（混纺）幅宽 106cm　长 65cm　**70cm**　80cm
No.40 面布（棉布）幅宽 110cm　长 65cm　**70cm**　80cm
贴边（领口）宽 1.2cm　长 68cm　**72cm**　74cm
松紧带（领口・袖口）宽 0.6cm　长 92cm　**98cm**　105cm
No.40 镶条（腰部）宽 2cm　长 71cm　**76cm**　80cm
No.40 圆绳直径 0.4cm　长 120cm　**126cm**　130cm
No.40 绳扣 2 个

♥ 请根据个人喜好调节松紧带的长度

100cm（身高95~105cm）
110cm（身高105~115cm）
120cm（身高115~125cm）
只有一行数字的表示各规格通用

No.39、No.40 面布裁剪图

（请使用实物大纸样，按照面布裁剪图中的标记预留缝份后再裁剪）

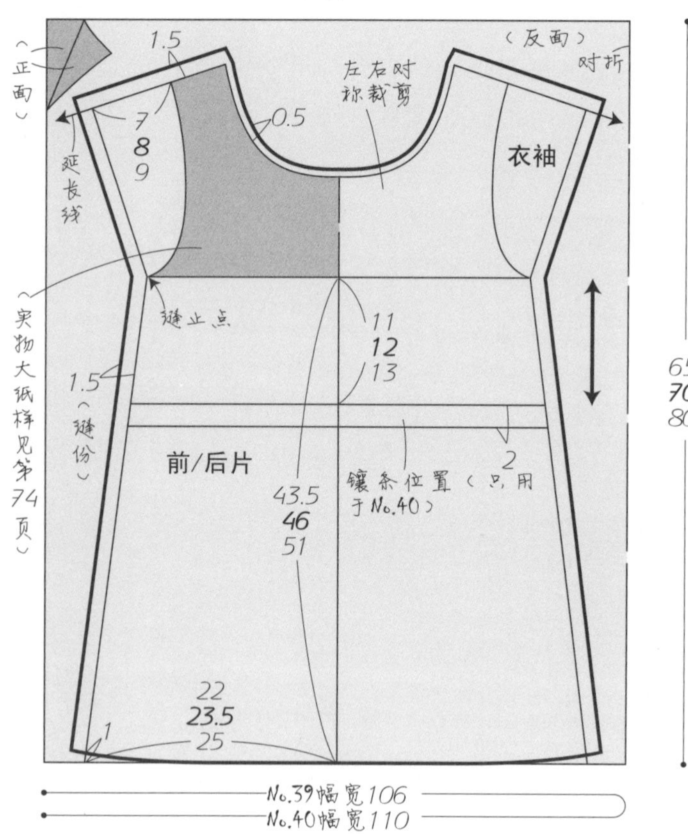

No.39 制作方法

1. 缝合前、后片肩线

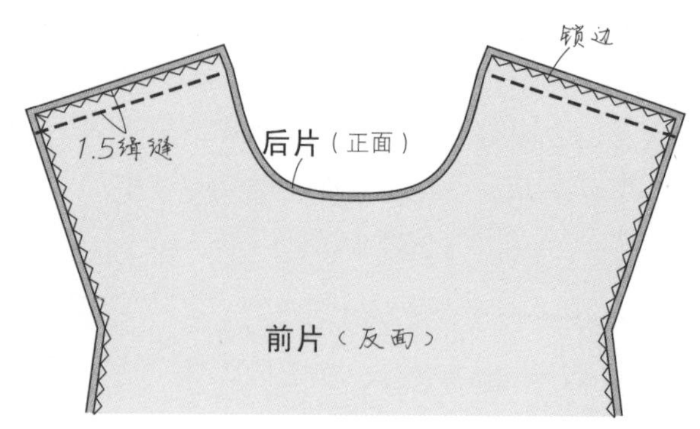

2. 在领口处缝制贴边

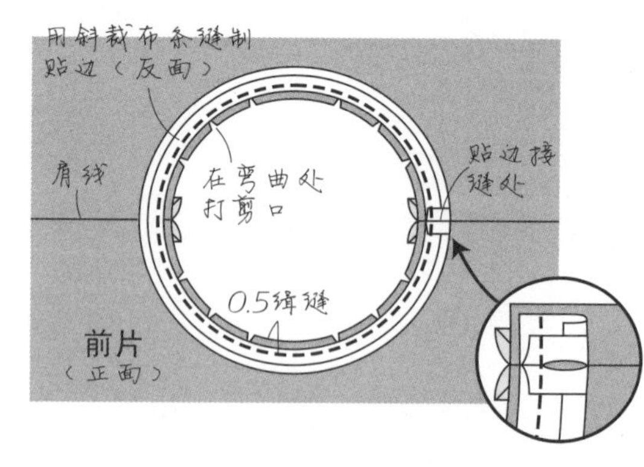

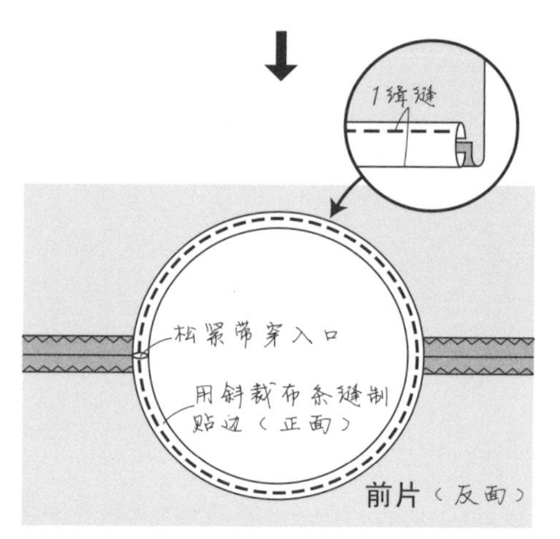

斜裁布条缝制方法

贴边

领口、袖口处采用的简便两边折叠型贴边

贴边多缝于弯曲处

用简单滚边的两次折叠包光毛边

用斜裁布条缝制贴边（正面）

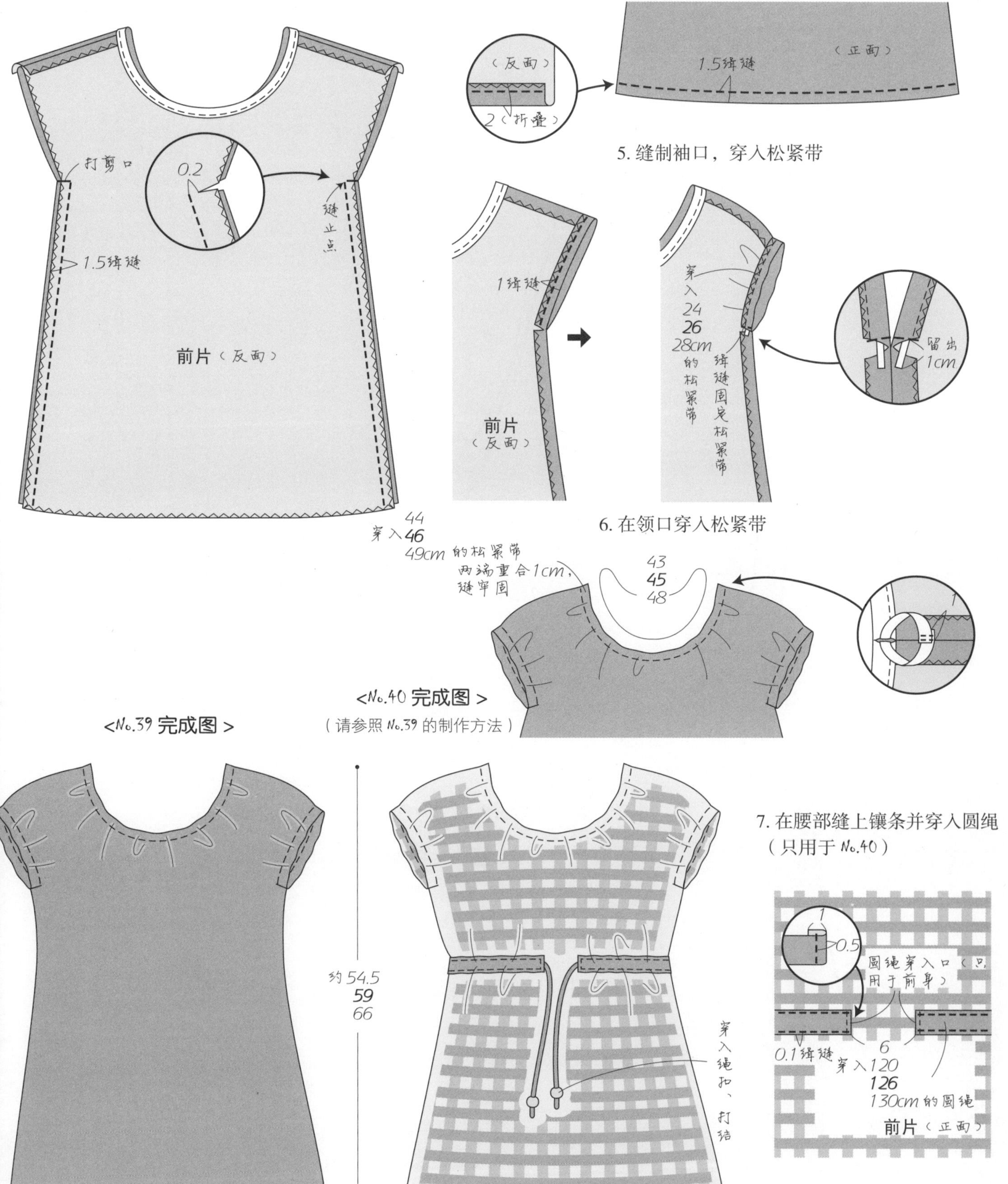
3. 缝合侧缝
4. 缝制下摆
（反面）
2（折叠）
1.5缉缝
（正面）
5. 缝制袖口，穿入松紧带
0.2
打剪口
缝止点
1.5缉缝
前片（反面）
1缉缝
前片
（反面）
穿入
24
26
28cm
的松紧带
缉缝固定松紧带
留出
1cm
6. 在领口穿入松紧带
44
穿入46
49cm 的松紧带
两端重合1cm，
缝牢固
43
45
48
1
<No.40 完成图>
（请参照No.39 的制作方法）
<No.39 完成图>
约54.5
59
66
7. 在腰部缝上镶条并穿入圆绳
（只用于No.40）
1
0.5
圆绳穿入口（只用于前身）
0.1缉缝
6
穿入120
126
130cm的圆绳
前片（正面）
穿入绳扣、打结

♥ 实物大纸样中不含缝份。请将纸样复制到别的图纸上使用。请按照制作页中裁剪图的标记预留缝份后再裁剪。

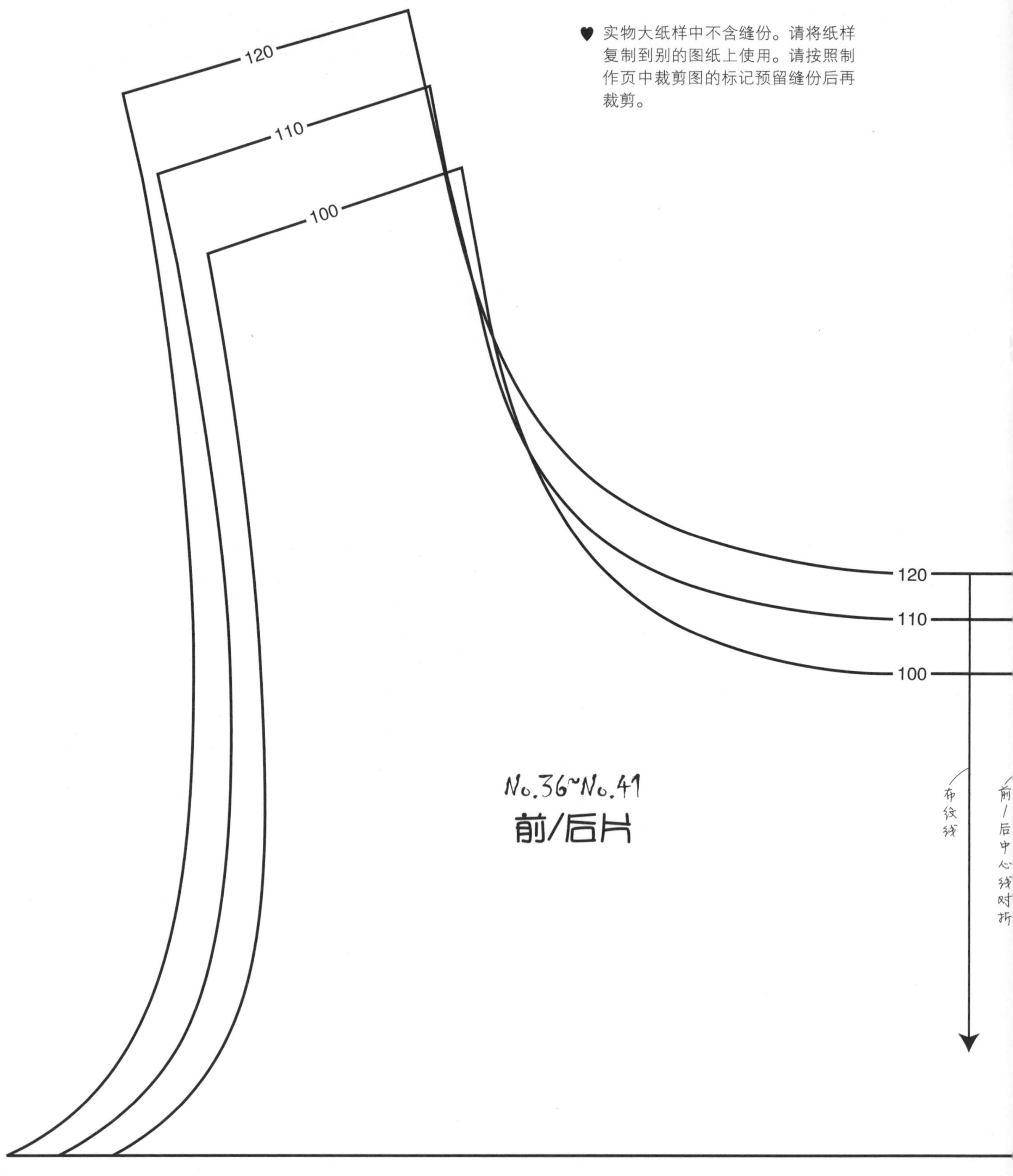

实物大纸样

♥ 实物大纸样中不含缝份尺寸。请将纸样复制到别的图纸上使用。请按照制作页中裁剪图的标记预留缝份后再裁剪。

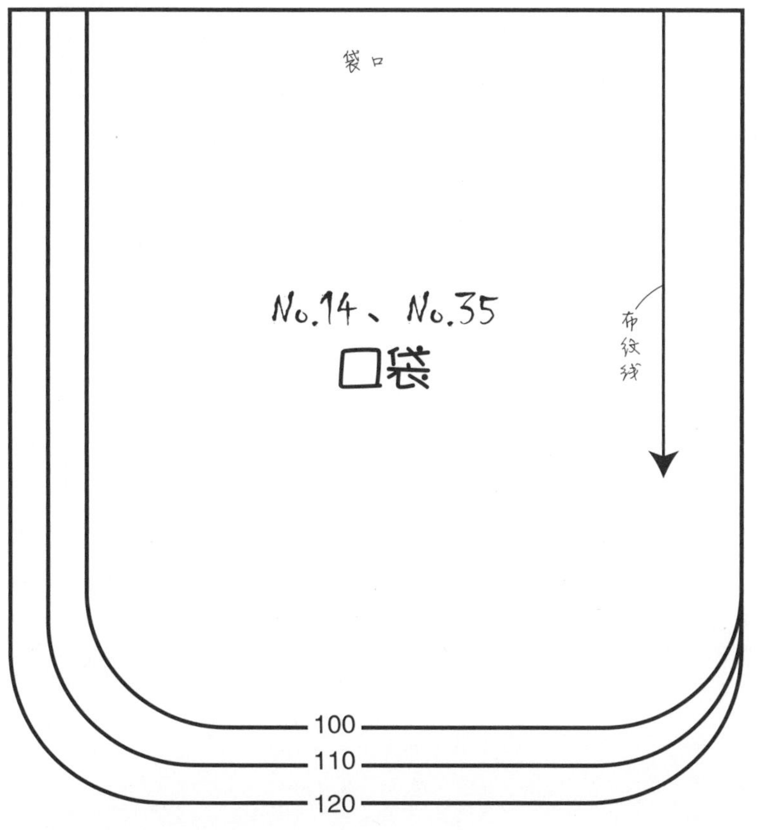

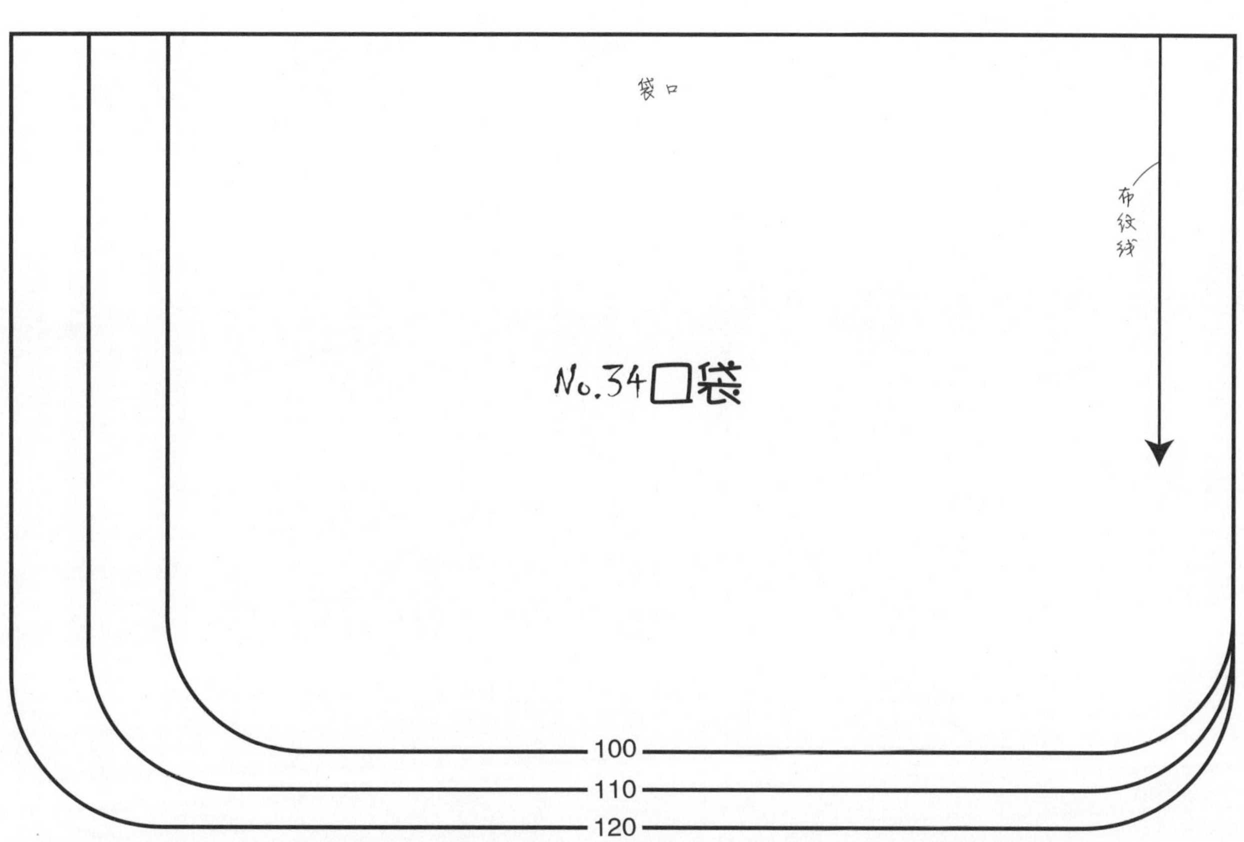

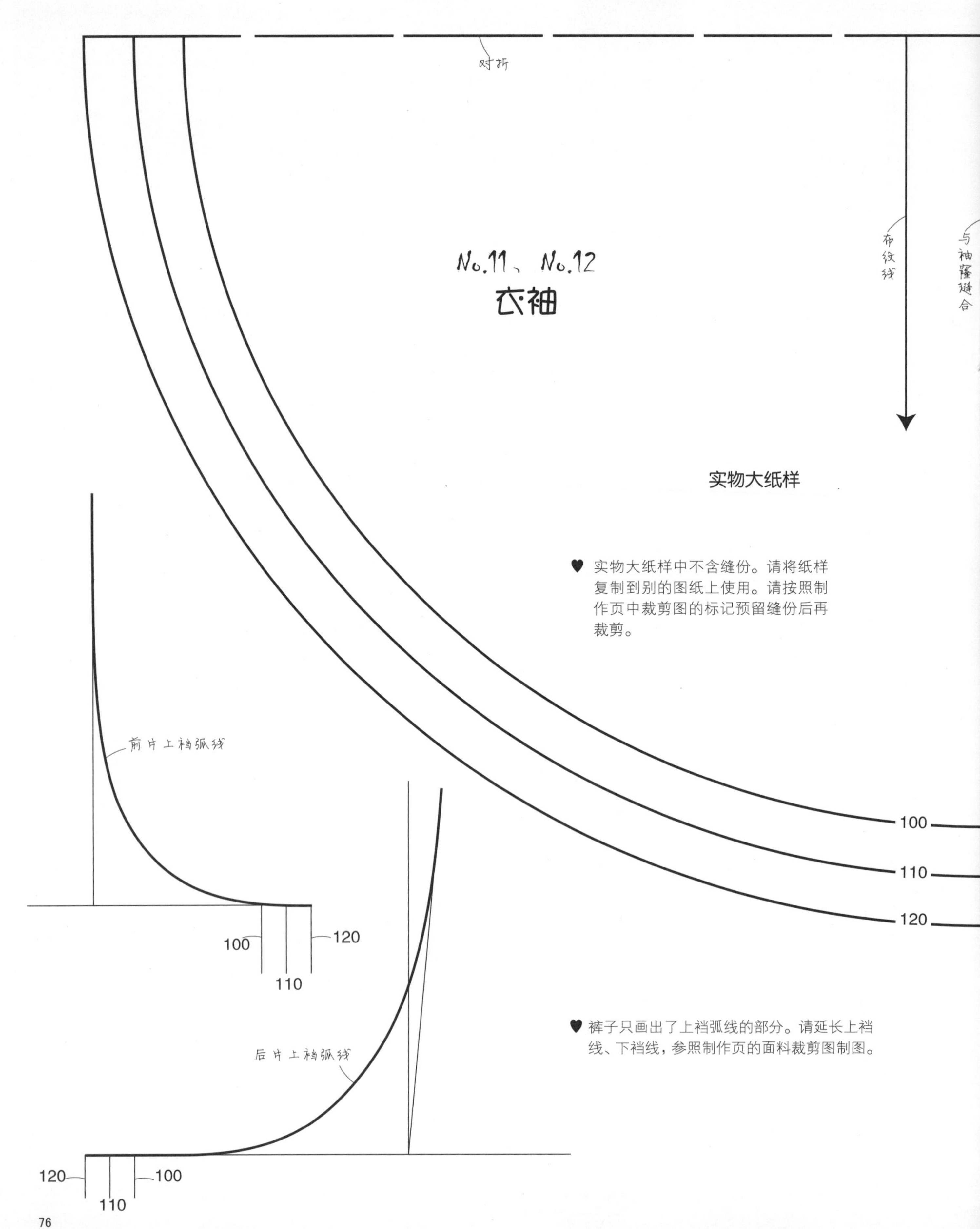

♥ 实物大纸样中不含缝份。请将纸样复制到别的图纸上使用。请按照制作页中裁剪图的标记预留缝份后再裁剪。

♥ 裤子只画出了上裆弧线的部分。请延长上裆线、下裆线，参照制作页的面料裁剪图制图。

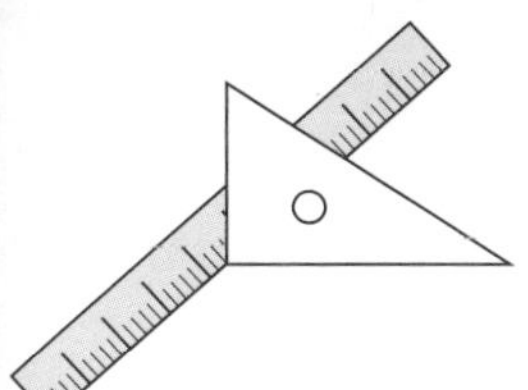

作

折叠布料

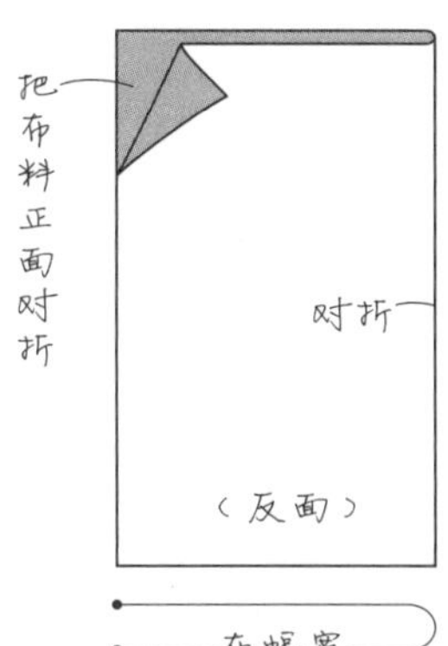

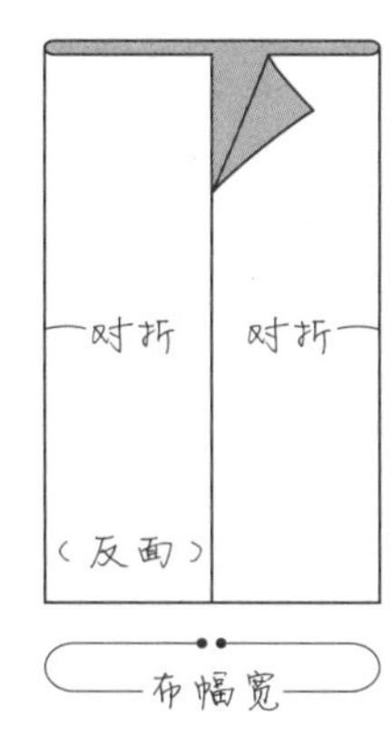

在布料上画线

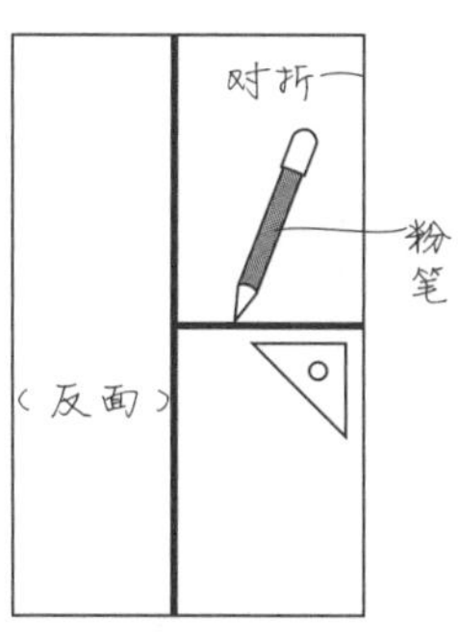

※ 有口袋的情况下，在布料的正面画出口袋缝缀的位置

裁剪布料

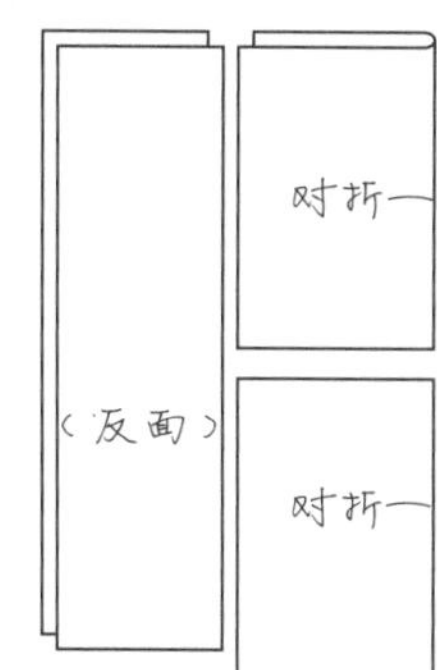

熨平棉布

※ 对于印花等布料，先把布的一端浸到水中看是否掉色，然后再熨烫

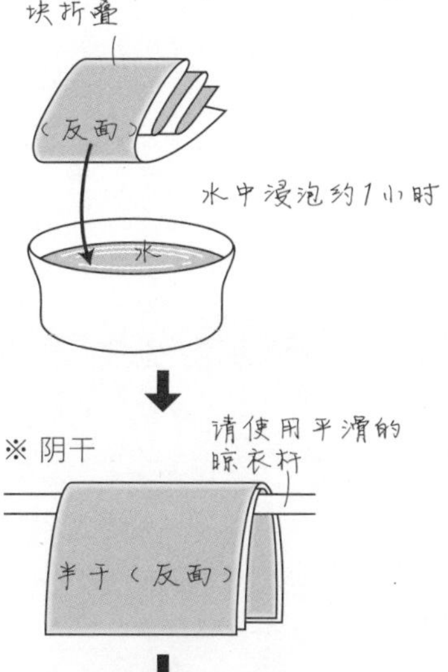

※ 阴干

熨烫温度
130~150℃
（反面）

缝纫基础

整理布纹的方法

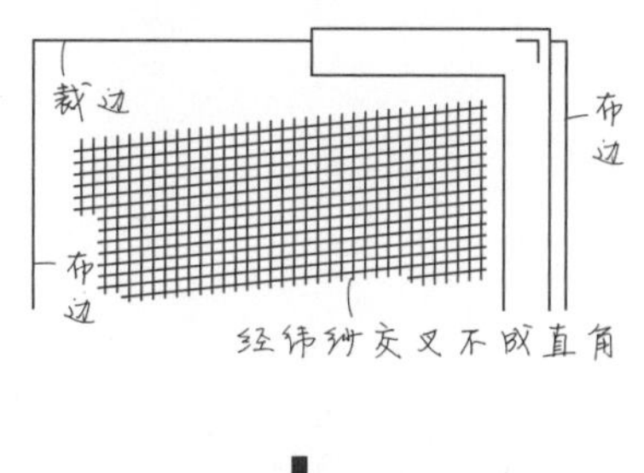

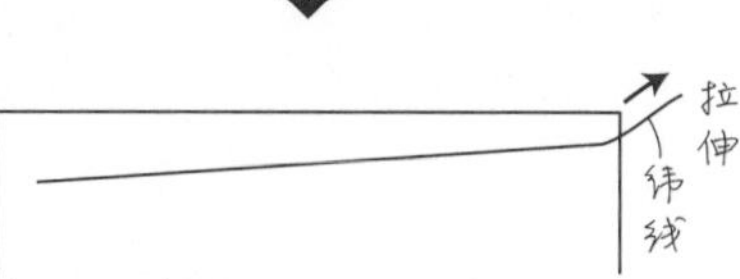

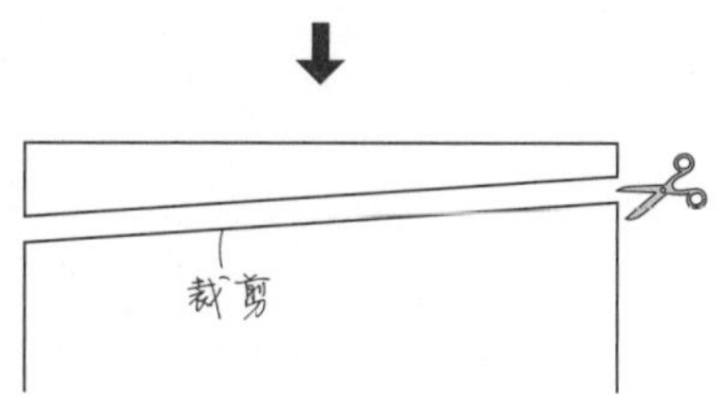

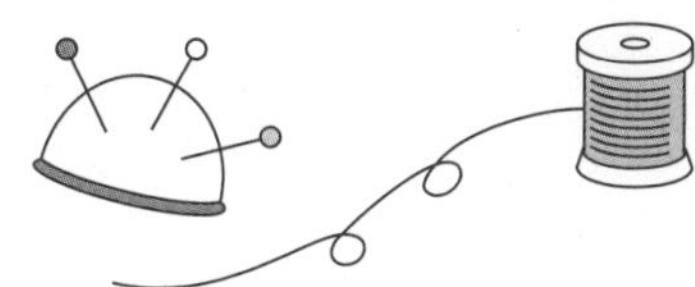

修正布料歪斜

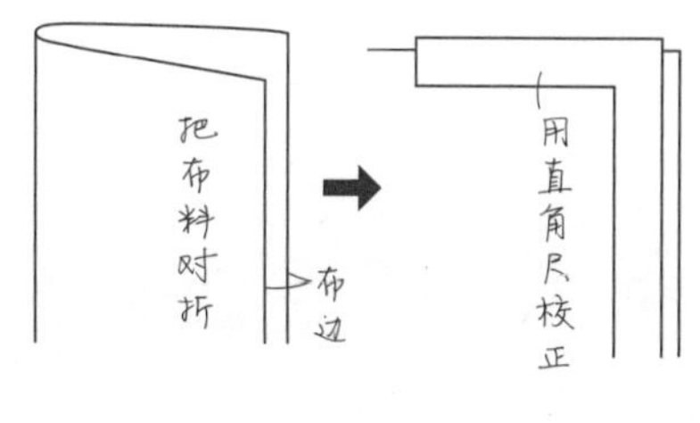

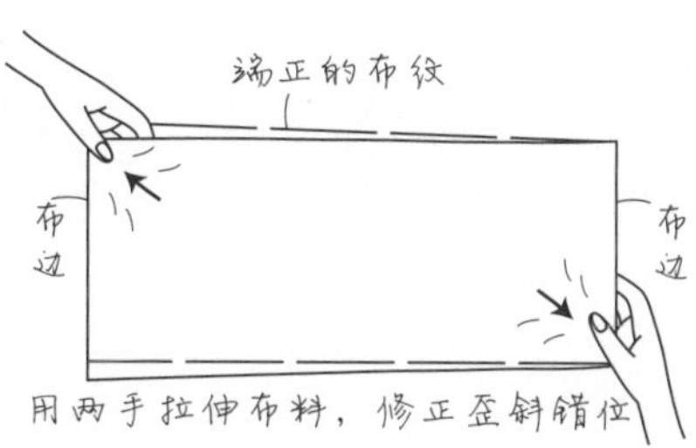

灯芯绒

特征	有纵向棱纹和绒毛，棱纹有粗有细，材质有棉及其混纺等
熨烫平整	抬起蒸汽熨斗轻微、快速地熨烫。若压烫，最好使用柔软的垫布
做标记	把划粉削尖，轻轻地画标记，以免压扁绒毛
裁剪	因为灯芯绒具有毛向，因此要确认毛向，一般情况下采用逆毛向单向裁剪

绒毛方向

逆毛

顺毛

绒毛光洁鲜艳、紧密整齐

泛白无光泽

逆毛布料的绒毛容易走形，适合穿着次数较少的时尚服装。
顺毛布料的绒毛不容易走形，适合穿着次数较多的休闲装。

灯芯绒缝制中的注意事项

为了避免针脚过细，首先要减轻缝纫机压脚的压力，然后轻微放松缝纫线的张力。由于布料较厚，开始缝制时为了不让布料卷入缝纫机，先缝合残布然后再缉缝，这样就能够很流畅地缝制了。

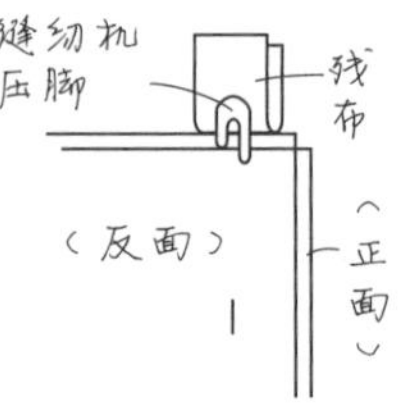

布料与针线的关系

缝纫机针	有家庭用和工业用两种，家庭用缝纫机针将平滑的一侧安装到缝纫机上。针号越大表示针越粗
缝纫机线	除弹性以外，无论哪种布料都用与其相对应的涤纶缝纫线。线号越大表示线越细

面料		缝纫机针	缝纫机线	手缝针	手缝线
薄	细麻纱布・乔其纱	7号	80~90号	8・9号	80~90号
↕	宽幅布・宽幅平纹布	9号	50~60号	7・8号	50~60号
	灯芯绒・法兰绒	11号			
	毛呔叽	11・14号	30~60号	6・7号	20~30号
厚	斜纹粗棉布	16号			
弹性	薄质	针织物用9号	针织物用50~60号	针织物用手缝针	针织物用50~60号
	厚质	针织物用11・14号			

布料颜色与线的选择

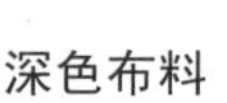

使用比布料颜色稍深的颜色

深色布料

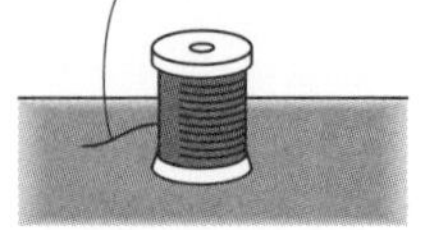

使用比布料颜色稍浅的颜色

浅色布料

使用与布料任一颜色同色的线

使用多种颜色的布料

缝纫机的使用方法

直线缉缝

小弧度弯曲线

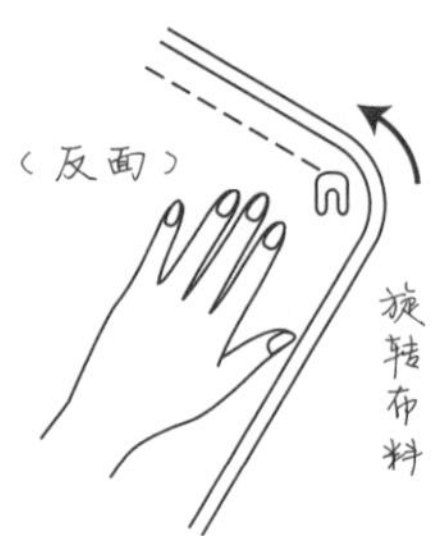

平滑曲线

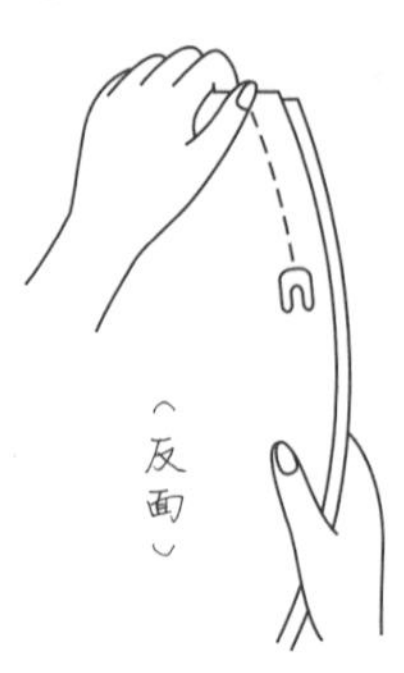

适度拉伸

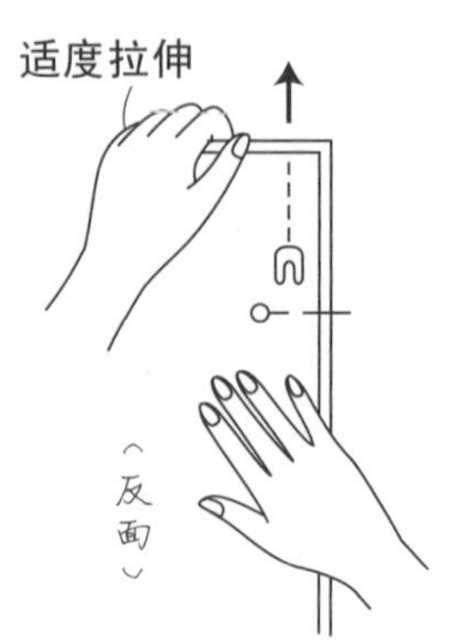

缝纫线的张力

用双手拉伸布料

嘣

在布边处缉缝

上线断开：上线张力过大，适当调整

下线断开：下线张力过大，适当调整

适合布料的衣褶量

薄棉布·精纺毛料：1.7倍

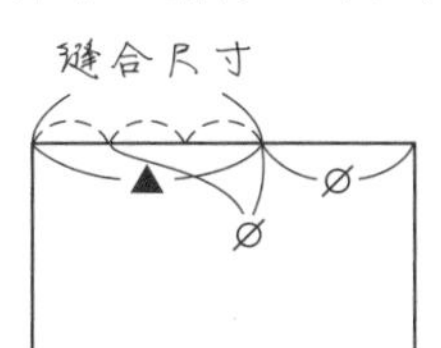

薄棉布·丝织物：2.5倍

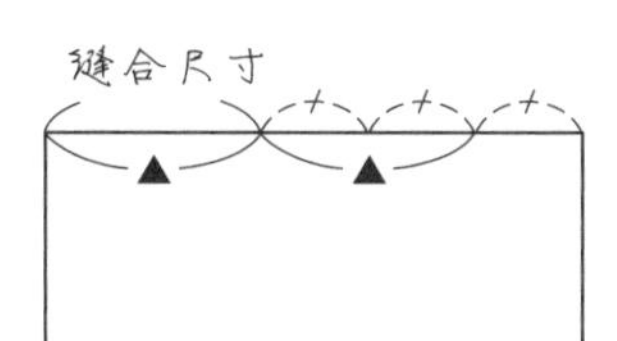

棉布·精纺呢绒：2倍

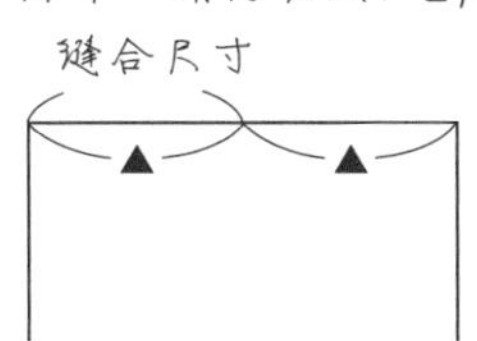

薄织物：3倍

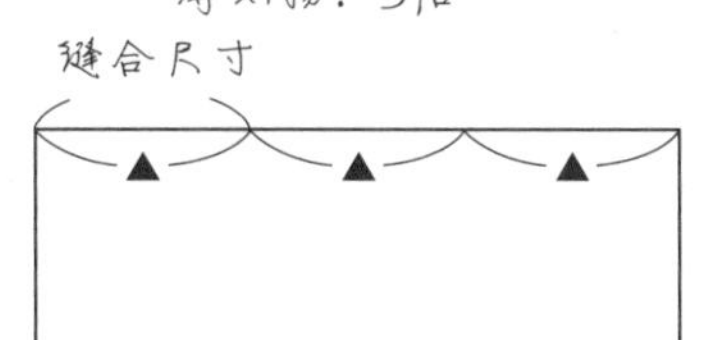

抽褶方法

使用大针脚缉缝，放松上线的张力（粗针脚缝纫机）

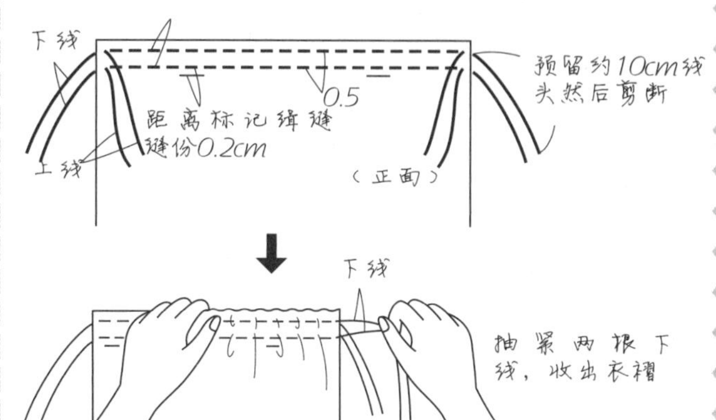

小针脚拱缝

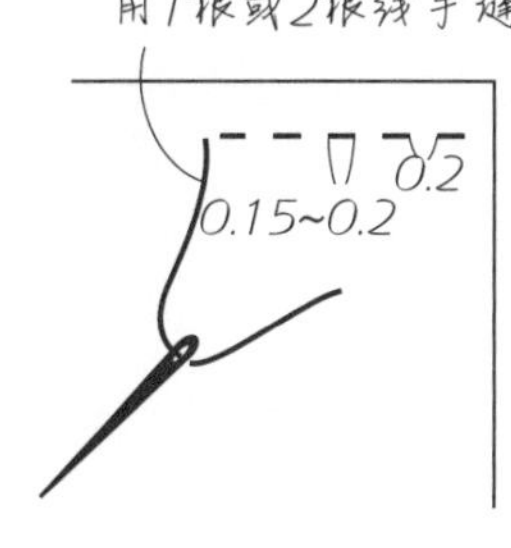

衣褶缝法

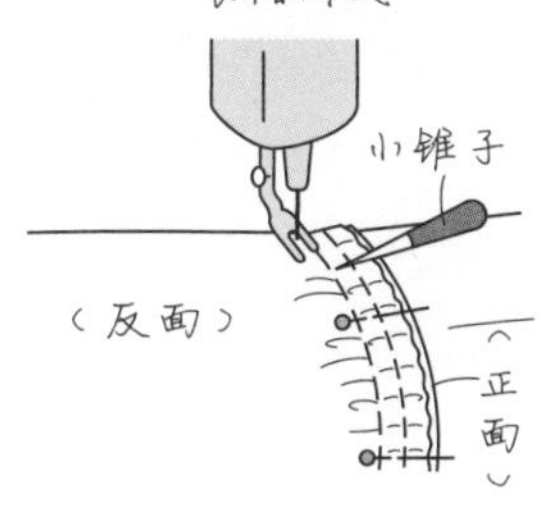

重复缉缝

（正面）

（反面）

在缉缝起点和终点处重复缉缝，即回针

重复缉缝

折两次缉缝

（反面）

1

折1次

再往里折1次

0.5

0.3~0.4cm缉缝

熨烫方法

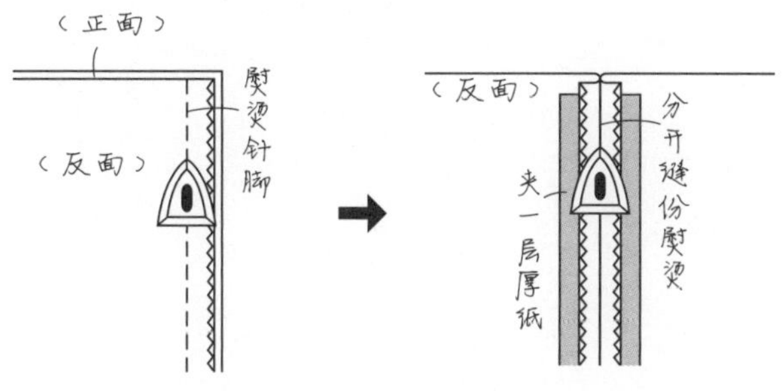

衣褶熨烫方法

只熨烫缝份，尽量使衣褶立起

拉伸

缝缀纽扣的线

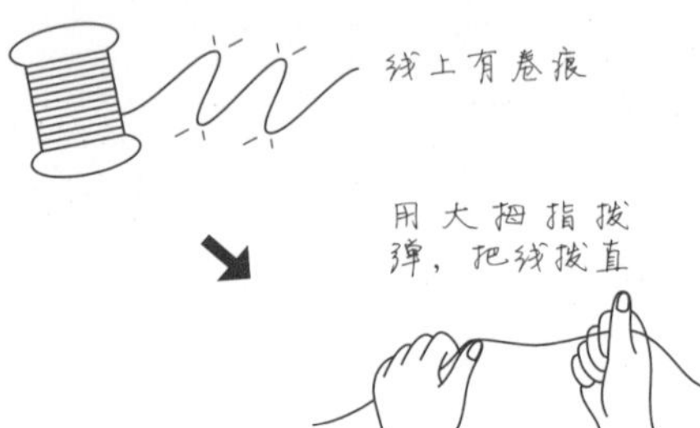

纽扣缝缀方法

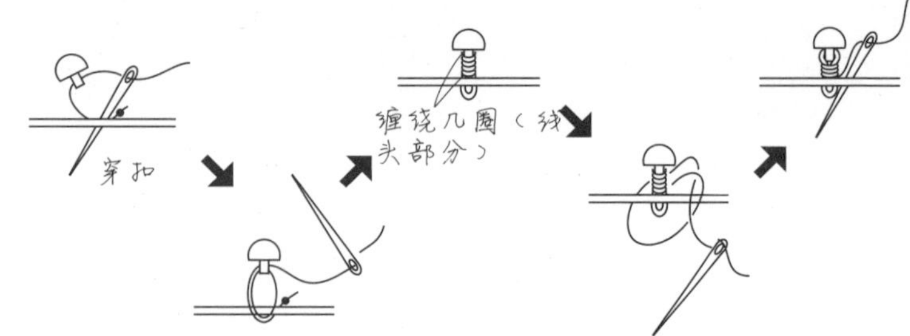

穿松紧带筋的便利工具

最好使用无压迫感的柔软型松紧带

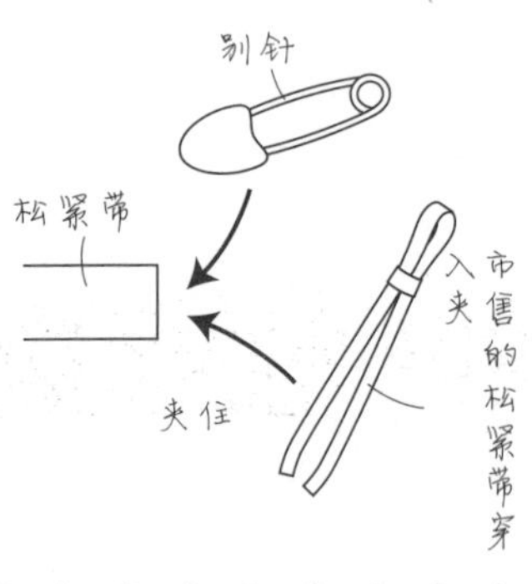

松紧带

根据种类、粗细、穿入条数分类，松紧带有各种各样的。即使是同样的松紧带，在穿着时的压迫感也不尽相同，因此在裁剪前请先缠在腰部确认

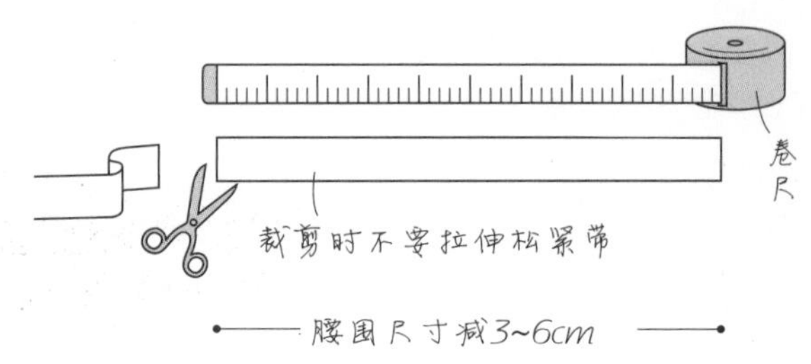

测量方法和规格参考尺寸

制作衣服或选择纸样时，比起年龄和身高，尺寸是最准确的选择。量出裤子的臀围和腰围尺寸、罩衫的胸围尺寸，制作时一定要选择最接近的尺寸噢！

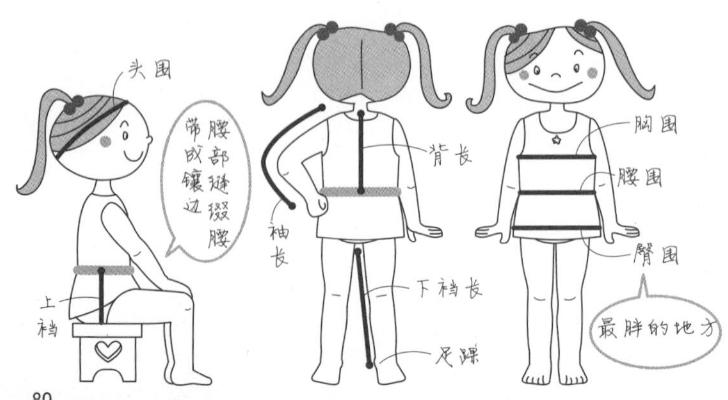

童装规格参考尺寸

单位：cm

部位 成品规格	身高	胸围	腰围	臀围	背长	袖长	上裆	下裆	头围
100cm	95~105	54	51	55	25	32	20	41	52
110cm	105~115	58	53	61	27	37	21	44	54
120cm 男	115~125	64	57	69	30	41	21	53	58
120cm 女	115~125	62	55	66	29	41	22	51	58

注：全书分别用蓝色、红色、绿色标记三种成品规格（100cm、110cm、120cm）在对应部位的所需尺寸。